基础化学实验技术

主　编　陈本豪　崔建华

编　者（以姓氏笔画为序）

方　琴　尹艳春　李声悦
陈本豪　林　霞　谈　琳
黄彩梅　崔建华　覃佩莉

苏州大学出版社

图书在版编目(CIP)数据

基础化学实验技术/陈本豪,崔建华主编. —苏州：苏州大学出版社,2020.8(2023.9重印)
ISBN 978-7-5672-3288-4

Ⅰ. ①基… Ⅱ. ①陈… ②崔… Ⅲ. ①化学实验－高等职业教育－教材 Ⅳ. ①O6-3

中国版本图书馆 CIP 数据核字(2020)第 147253 号

基础化学实验技术
陈本豪　崔建华　主编
责任编辑　徐　来

苏州大学出版社出版发行
(地址：苏州市十梓街1号　邮编：215006)
镇江文苑制版印刷有限责任公司印装
(地址：镇江市黄山南路18号润州花园6-1号　邮编：212000)

开本 787 mm×1 092 mm　1/16　印张 7.75　字数 148 千
2020 年 8 月第 1 版　2023 年 9 月第 4 次印刷
ISBN 978-7-5672-3288-4　定价：30.00 元

若有印装错误,本社负责调换
苏州大学出版社营销部　电话：0512-67481020
苏州大学出版社网址　http://www.sudapress.com
苏州大学出版社邮箱　sdcbs@suda.edu.cn

前言

"基础化学实验技术"是高职药学类各专业必修的一门实验技术技能课程。本教材以高等职业教育培养高级技术应用型专业人才的目标定位和"以能力为本位"的教育指导思想为依据,围绕课程兼顾知识、技能基础和方法、能力基础的基础性定位,结合当前高职院校学生的学情实际,以与药学专业密切相关的化学技能及其应用为主线,辅以必需的化学知识和理论进行编写。

本书的内容按照行为塑造的方法,以模块的方式进行编排,便于技能训练的系统化。每个模块中,技能训练循序渐进、不断巩固,并通过实验习题(或技能应用实例)为学生提供应用的平台,将规范的操作技术训练、基本技能的形成和技术应用能力的培养有机结合。本书共分七章,设定了十八个技能训练项目(包括技能应用实例和实验习题),并配备了相应的实验报告册,在使用中可根据教学要求进行选择。

本书第一章,第五章第二、第四节,以及第六章第二节由崔建华、覃佩莉编写;第二章第一节及第四章第三节由方琴编写;第二章第二、第三节由谈琳编写;第三章及第五章第一节由林霞编写;第四章第一、第二节由黄彩梅编写;第五章第三、第五节由李声悦编写;第六章第一、第三节由尹艳春编写;第七章由陈本豪编写。全书由陈本豪、崔建华统稿。本书在编写过程中得到了广西卫生职业技术学院药学系韦超、马卫真、黄欣碧主任的指导,以及赵卫锋和各位专业课教师的热情帮助和大力支持,在此表示衷心的感谢。向本教材中引用的文献资料的作者表示深深的谢意。

限于编者的水平且时间仓促,书中难免有不妥之处,欢迎广大读者给予批评指正。

编 者
2020 年 6 月

第一章 化学实验基础知识 ········· 001

一、"基础化学实验技术"的学习目的与学习方法 ········· 001
二、化学实验室常识 ········· 001
三、化学实验常用仪器 ········· 003
四、玻璃仪器的洗涤与干燥 ········· 009
五、化学试剂 ········· 010
六、化学实验室用水 ········· 012

第二章 化学实验基本操作技术 ········· 015

第一节 化学实验基本操作技术(一) ········· 015
一、物质的称量 ········· 015
二、试剂的取用 ········· 017
三、技能训练 ········· 020

第二节 化学实验基本操作技术(二) ········· 022
一、基本操作与方法 ········· 022
二、技能训练 ········· 027

第三节 技能应用实例——药用氯化钠的制备 ········· 029
一、制备原理 ········· 029
二、制备实验 ········· 030

第三章 无机化合物的鉴别、鉴定技术 ········· 032

第一节 常用无机物的性质和离子的鉴定 ········· 032
一、常用无机物的化学性质 ········· 032
二、常见无机离子的鉴定反应 ········· 033

三、技能训练 ……………………………………………………………………… 034

第二节　实验习题：药用氯化钠的质量检查 ……………………………………… 036
　　[实验目的] ……………………………………………………………………… 036
　　[实验内容] ……………………………………………………………………… 036
　　[实验提示] ……………………………………………………………………… 036
　　[实验设计要求] ………………………………………………………………… 037

第四章　溶液相关实验技术 …………………………………………………… 038

第一节　溶液的配制和稀释 ………………………………………………………… 038
　　一、溶液的配制方法 ……………………………………………………………… 038
　　二、容量瓶的使用 ………………………………………………………………… 040
　　三、技能训练 ……………………………………………………………………… 041

第二节　溶液 pH 的测定 …………………………………………………………… 042
　　一、溶液 pH 的测定方法 ………………………………………………………… 042
　　二、pH 计的使用方法 …………………………………………………………… 042
　　三、技能训练 ……………………………………………………………………… 044

第三节　实验习题：生理盐水的配制 ……………………………………………… 046
　　[实验目的] ……………………………………………………………………… 046
　　[实验内容] ……………………………………………………………………… 046
　　[实验提示] ……………………………………………………………………… 046
　　[实验设计要求] ………………………………………………………………… 047

第五章　有机化合物分离、纯化技术 …………………………………………… 048

第一节　萃取操作 …………………………………………………………………… 048
　　一、萃取原理简介 ………………………………………………………………… 048
　　二、分液漏斗的使用 ……………………………………………………………… 048
　　三、萃取方法 ……………………………………………………………………… 049
　　四、技能训练 ……………………………………………………………………… 049

第二节　固液分离操作 ……………………………………………………………… 050
　　一、固液分离方法 ………………………………………………………………… 050
　　二、技能训练 ……………………………………………………………………… 053

第三节　组装和使用普通蒸馏装置 ………………………………………………… 054
　　一、原理简介 ……………………………………………………………………… 054

二、普通蒸馏装置 ……………………………………………………… 055
三、蒸馏操作 …………………………………………………………… 055
四、技能训练 …………………………………………………………… 056

第四节 组装和使用普通回流装置 …………………………………………… 057
一、回流原理与装置 …………………………………………………… 057
二、回流操作 …………………………………………………………… 058
三、技能训练 …………………………………………………………… 058

第五节 技能应用实例——重结晶法提纯苯甲酸 …………………………… 059
一、提纯原理 …………………………………………………………… 059
二、提纯实验 …………………………………………………………… 059

第六章 物理常数测定技术 …………………………………………………… 061

第一节 组装和使用毛细管法熔点测定装置 ………………………………… 061
一、熔点测定原理简介 ………………………………………………… 061
二、毛细管法熔点测定的方法 ………………………………………… 062
三、熔点仪的使用方法 ………………………………………………… 063
四、技能训练 …………………………………………………………… 064

第二节 使用旋光仪测定旋光性物质的旋光度 ……………………………… 064
一、原理简介 …………………………………………………………… 064
二、旋光仪及其使用方法 ……………………………………………… 065
三、技能训练 …………………………………………………………… 066

第三节 实验习题：熔点测定法判别未知物 ………………………………… 067
[实验目的] ……………………………………………………………… 067
[实验内容] ……………………………………………………………… 067
[实验提示] ……………………………………………………………… 067
[实验设计要求] ………………………………………………………… 068

第七章 有机化合物鉴别技术 ………………………………………………… 069

第一节 官能团（或有机物）的鉴定反应 …………………………………… 069
一、有机化合物鉴别的依据 …………………………………………… 069
二、有机化合物中常见官能团（或有机物）的鉴定反应 …………… 069
三、技能训练 …………………………………………………………… 071

第二节　有机化合物的鉴别 ··· 073
　　　　［案例1］ ·· 074
　　　　［案例2］ ·· 074
　　第三节　实验习题：鉴别有机化合物 ·· 075
　　　　［实验目的］ ·· 075
　　　　［实验用品］ ·· 075
　　　　［实验内容］ ·· 075
　　　　［实验设计要求］ ·· 076

附　录 ··· 077
　　表1　常用元素的相对原子质量表 ·· 077
　　表2　市售常用酸、碱溶液的近似浓度 ·· 078
　　表3　常用酸碱指示剂 ·· 078
　　表4　常用化学试剂 ··· 078

参考文献 ··· 080

附　基础化学实验技术实验报告

第一章 化学实验基础知识

一、"基础化学实验技术"的学习目的与学习方法

"基础化学实验技术"是高职药学类各专业必修的一门实验技术技能课程。本课程以高等职业教育培养高级技术应用型专业人才的目标定位和"以能力为本位"的教育指导思想为依据,围绕课程兼顾知识、技能基础和方法、能力基础的基础性定位,以规范的操作技术训练、基本技能的形成和技术应用能力的培养为主线,辅以基本的化学实验基础知识和基本理论,使学生通过课程的学习,规范地掌握化学实验的基本操作、基本技能和基本技术,初步具备观察现象、发现问题、分析问题、解决问题和动手实践的能力,形成实事求是的工作作风和良好的工作习惯,为后续课程的学习和将来从事专业技术工作打下坚实的基础。

正确的学习态度和学习方法是达到学习目的的保证,为此,必须做好以下几个方面的工作:

1. 充分预习

实验前认真阅读教材的相关内容,明确实验目的和实验原理,了解实验内容、步骤、操作方法和注意事项,做到心中有数,并按要求写好预习报告。对实验习题,还必须写出实验方案。

2. 规范操作

实验中严格遵守操作规程,认真、规范地操作和训练,仔细观察并及时记录,掌握各种实验操作技能,做到"多做、多看、多思"。

3. 写好实验报告

实验后,认真总结实验过程,分析实验现象和实验得失,得出结论,完成实验报告。

二、化学实验室常识

化学实验室经常用到一些易燃、易爆、有毒、腐蚀性药品试剂,以及易破碎的玻璃仪器等,潜藏着发生燃烧、爆炸、中毒、灼伤、割破等意外事故的危险。只有严格按照实验操作规定进行操作,正确选择和安装仪器,采取必要的安全和防护措施,才可以

保证实验的安全顺利进行。

(一) 实验规则

(1) 实验前,认真做好预习和实验准备工作,检查仪器、药品是否齐全。

(2) 听从教师的指导和安排,严格按照教材所规定的方法、步骤和试剂用量进行操作。在对仪器的使用方法和药品的性能、用量不明确时,不得开始实验,以免发生意外事故。

(3) 在实验室内,应保持安静和良好的秩序,保持实验室的整洁。注意安全,如发生意外,不要慌张,要采取适当措施并及时报告教师。实验中途不得擅自离开实验室(岗位)。

(4) 实验过程中,要规范操作,仔细观察,认真思考,及时、准确地记录实验现象。

(5) 爱护公共财物,小心使用仪器和设备,损坏仪器和设备要按照学校规定赔偿。注意节约试剂和水、电。

(6) 废纸、火柴梗、碎玻璃和各种废液应放入废物桶(杯)或其他指定的回收容器中。

(7) 实验完毕,应及时清洗仪器,整理好实验用品和实验台,清扫实验室,关好气、水、电及门窗。

(8) 实验室内的一切物品未经教师许可,不得带出实验室。

(二) 安全守则

(1) 实验前必须了解实验室的安全操作规定,熟悉实验室环境和气、电等开关。

(2) 严禁在实验室饮食或把食品、餐具带进实验室。

(3) 一切能产生恶臭、有毒气体和强烈刺激性气味的实验应在通风橱或指定通风地点进行。

(4) 使用易燃试剂一定要远离明火源,用后塞严瓶塞并放于阴凉处。切勿将低沸点、易燃性试剂放在广口容器中直接明火加热。

(5) 加热、倾倒液体或开启易挥发的试剂瓶时,切勿俯视容器,以防液滴飞溅或气体冲出造成伤害。加热试管时,不要将试管口对着自己或他人。

(6) 嗅闻气体时,要用手扇闻(图1-1),不能用鼻子凑在容器上闻,不得尝试剂的味道。

(7) 使用电器时要严防触电,不要用湿手接触电器,用电结束后应该拔掉电源的插头。

(8) 使用强腐蚀性试剂时,切勿溅在皮肤和衣服上。稀释浓硫酸时,应将浓硫酸慢慢注入水中,且不断搅拌,切勿将水注入浓硫酸中。

(9) 实验完毕,应洗净双手。离开实验室前,必须检查实验室的

图1-1 闻气体的方法

水、电、气、门窗是否关好。

（三）意外事故处理

(1) 玻璃割伤时，取出伤口中的玻璃碎屑，用蒸馏水洗净，涂上红药水或龙胆紫药水，再用纱布或药棉按紧伤口，送医务室处理。

(2) 烫伤时，切勿用水冲洗，更不能挑破烫起的水泡，可用1%高锰酸钾溶液擦洗伤处，再搽上烫伤药膏或医用凡士林。

(3) 强酸强碱触及皮肤时，处理程序为：干布抹去酸碱→大量水冲洗→3%～5%碳酸氢钠溶液（接触酸，也可用稀氨水、肥皂水）或3%硼酸溶液（接触碱，也可用2%醋酸溶液）冲洗→大量水冲洗→涂敷氧化锌软膏（或硼酸软膏）。

(4) 酸（或碱）溅入眼内，立即用大量水冲洗，再用2%硼砂溶液（或3%硼酸溶液）冲洗，然后用蒸馏水冲洗。

(5) 溴沾到皮肤上时，立即用乙醇或10% $Na_2S_2O_3$ 溶液洗涤伤口，再用水冲洗干净，然后涂敷甘油。

(6) 苯酚触及皮肤时，先用大量水冲洗，再用4体积10%酒精和1体积0.33 mol/L $FeCl_3$ 混合液冲洗。

(7) 吸入刺激性气体时，可吸入少量酒精和乙醚的混合蒸气并到室外呼吸新鲜空气。

(8) 不慎失火时，一般小火可用湿布、石棉布或沙土覆盖、压灭；火势较大时，应该立刻切断电源，打开窗户，熄灭附近的火源，将周围可燃性物质移开，同时迅速灭火。与水发生剧烈作用的化学药品或比水轻的有机试剂着火，切勿用水扑救，以防引起更大的火灾。

(9) 发生其他意外时，立即送医务室诊治，不得拖延。

三、化学实验常用仪器

化学实验常用仪器主要为玻璃制品和一些瓷质器皿，按用途大体可分为容器类（如试剂瓶、烧杯、烧瓶等，包括可加热器皿和不宜加热器皿两类）、量器类（如量筒、移液管、容量瓶等，一律不能加热）和其他器皿（如分液漏斗、冷凝管、蒸发皿等）。

常用化学实验仪器的结构、用途、使用方法和注意事项见表1-1。

表1-1 常用化学实验仪器

仪　　器	主要用途	使用方法和注意事项
 点滴板	① 用于产生颜色或生成有色沉淀的点滴反应 ② 用于测定溶液的pH	① 常用白色点滴板 ② 有白色沉淀的用黑色点滴板 ③ 试剂常用量为1～2滴

续表

仪　器	主要用途	使用方法和注意事项
普通试管　离心试管	① 普通试管用作少量试剂反应的容器,在常温或加热时使用 ② 离心试管用于沉淀分离	① 普通试管可直接加热,离心试管只能用水浴加热 ② 液体不超过试管容积的 1/2,加热时不超过试管容积的 1/3 ③ 加热前擦干试管外壁,要用试管夹 ④ 加热后不能骤冷,以防爆裂 ⑤ 加热后的试管应用试管夹夹住悬放在试管架上
试管夹	用于夹持试管	① 夹住距离试管口 1/3 处 ② 不要把拇指按在夹子的活动部分 ③ 一定要从试管底部套上或取下试管夹 ④ 加热时要防烧损
试管架	用于放置试管	热试管不宜放在铅质、塑料质试管架上
毛刷	用于刷洗试管、烧杯等玻璃仪器	① 防止试管顶部的铁丝撞破试管底 ② 顶端鬃毛脱落的刷子不应再用 ③ 洗涤时,手持刷子的部位要适合
玻璃棒	用于搅拌、过滤或转移液体时引流	玻璃棒的两端应烧圆
烧杯	① 大量物质反应的容器 ② 配制溶液和溶解固体 ③ 接收滤液 ④ 用作简易水浴	① 反应液体不得超过烧杯容积的 2/3,以免搅拌时液体溅出或沸腾时溢出 ② 加热时要垫石棉网,以免受热不均匀而破裂
锥形瓶	① 反应容器,可避免液体大量蒸发 ② 振荡方便,用于滴定操作	① 加热时应放置在石棉网上,使之受热均匀 ② 滴定时,所盛溶液不能超过锥形瓶容积的 1/3
量筒　量杯	用于粗略地量取一定体积的液体	① 不可加热,不可作反应容器 ② 不可量热溶液或热液体 ③ 要认清分度值和起始分度 ④ 操作时沿内壁加入或倒入液体

续表

仪 器	主要用途	使用方法和注意事项
移液管　吸量管	用于精确移取一定体积的液体	① 使用洗耳球将液体吸入管内 ② 不能加热，也不能放于烘箱烘干 ③ 上端和尖端不能磕碰 ④ 要认清分度值和起始刻度 ⑤ 用后立即洗净，置于吸管架上
容量瓶	用于配制准确浓度的溶液	① 不能加热，不能盛装热的液体 ② 塞子配套，不能互换 ③ 配制溶液时，液面恰在刻度上
洗瓶	喷注细股水，用于洗涤仪器和沉淀	① 不能装自来水 ② 塑料瓶不能加热
滴瓶　滴管	① 滴管用于吸取和滴加少量液体 ② 滴瓶用于盛放逐滴加入的液体试剂或溶液	① 滴管不能吸得太满，也不能吸有液体后管口朝上或放平 ② 滴管专用，不得乱、弄脏 ③ 滴管要保持垂直，不能使管端接触接收器的内壁，更不能插入其他试剂中 ④ 见光易分解或不太稳定的物质应盛放于棕色瓶中
细口瓶　广口瓶	① 细口瓶用于存放液体试剂或溶液 ② 广口瓶用于存放固体试剂或糊状液体试剂	① 不能直接加热 ② 存放碱性溶液时，要配胶塞或软木塞 ③ 不能弄乱、弄脏塞子 ④ 必须保持标签完好
药　匙	用于取用粉末状或细粒状药品	① 保持干燥、清洁 ② 取完一种试剂后，应洗净、干燥后再使用

续表

仪　器	主要用途	使用方法和注意事项
镊子	用于夹持小块固体	不能夹持腐蚀性物品,用后应用纸擦拭干净
温度计	用于测量物体的温度	① 温度计水银球整体插入液体或气体中,待水银柱不再上下移动,读取读数 ② 温度计不能用于搅拌、引流 ③ 不能测量超过温度范围的温度 ④ 用后缓缓冷却,不能立即用冷水冲洗
酒精灯	用于加热物体	① 用前应检查灯芯和酒精量,灯内酒精应不少于容积的1/4,不超过容积的2/3 ② 用火柴点燃,禁用燃着的酒精灯去点燃另一盏酒精灯 ③ 不用时应立即用灯帽盖灭(盖2～3次)
石棉网	使受热物体均匀受热	① 石棉脱落了的不能再用 ② 不能与水接触,以免石棉脱落和铁丝锈蚀 ③ 不可折叠
表面皿	① 用于覆盖烧杯或蒸发皿 ② 用于盛放干净物品或试剂	① 不能直接用火加热 ② 不能用作蒸发皿
蒸发皿	① 用于溶液的蒸发、浓缩 ② 用于焙干物质	① 盛液量不得超过容积的2/3 ② 可直接加热,但不可以骤冷,以防爆裂 ③ 加热过程中不断搅拌,促使溶液蒸发 ④ 临近蒸干时,降低温度或停止加热,利用余热蒸干
短颈漏斗　长颈漏斗	① 过滤液体 ② 倾注液体导入小口容器中	① 滤纸铺好后应低于漏斗上边缘5 mm ② 倾入的液体高度一般不能超过滤纸高度的3/4 ③ 可过滤热溶液,但不能用火直接加热

续表

仪　器	主要用途	使用方法和注意事项
漏斗架	过滤时上面承放漏斗，下面放置滤液接收器	
铁架台和铁圈	① 安装实验装置时，用于固定仪器 ② 铁圈可代替漏斗架用于过滤	使用时，装置的重心应处于铁架台底盘的中部
1. 烧瓶夹　铁夹　十字夹 2. 铁夹（烧瓶夹）	① 安装实验装置时，用于固定仪器 ② 2是1的组合	① 十字夹夹入铁架台附杆时，竖向缺口向前，横向缺口向上 ② 铁夹、烧瓶夹应放在仪器背面 ③ 不允许使铁夹、烧瓶夹直接与玻璃仪器接触，必须衬垫石棉布、橡胶垫等 ④ 用铁夹、烧瓶夹夹持玻璃仪器时，以仪器不能转动为宜，不能过松过紧
球形　梨形 分液漏斗	① 分离两种分层而不起作用的液体 ② 从溶液中萃取某种成分 ③ 用于洗涤液体	① 不能用火直接加热 ② 漏斗活塞不能互换 ③ 不能用手拿分液漏斗的下端 ④ 不能用手拿住分液漏斗分离液体 ⑤ 用完后在活塞和磨砂口间垫上纸片
保温漏斗	用于热过滤	① 通过加热漏斗的侧管，将漏斗内的水烧热 ② 滤纸折成菊花形 ③ 过滤前用少量溶剂润湿滤纸
抽滤瓶　布氏漏斗	用于减压过滤（又称抽滤），抽滤瓶用于接收滤液	① 布氏漏斗以橡皮塞固定在抽滤瓶上，须紧密不漏气 ② 布氏漏斗的下方缺口对着抽滤瓶侧管 ③ 滤纸应略小于漏斗的底面，但必须把全部瓷孔盖住 ④ 过滤前，先抽气；结束时，先断开连接再停止抽气，以防止液体倒吸

续表

仪　器	主要用途	使用方法和注意事项
圆底烧瓶　平底烧瓶　三口烧瓶	① 用于进行试剂量较大的加热反应 ② 用于装配气体装置	① 盛物量不超过容积的 2/3，也不宜太少 ② 加热时需垫石棉网，并固定在铁架台上 ③ 防止骤冷，以免容器破裂
蒸馏烧瓶	用于蒸馏时盛装被蒸馏的液体。沸点较高(>120 ℃)液体用长颈型烧瓶，沸点较低的液体用短颈型烧瓶	① 使用和安装时注意不能折断支管 ② 支管的熔接处不能直接加热 ③ 其他同烧瓶
空气　直形　球形　蛇形 冷凝管	① 直形、蛇形和空气冷凝管一般作蒸馏时冷凝用。直形冷凝管适宜于沸点低于 130 ℃的液体，蛇形冷凝管用于低沸点液体且须加快蒸馏时，液体沸点高于 130 ℃时使用空气冷凝管 ② 球形冷凝管用于回流装置	① 装配仪器时，先装冷却水胶管，再装仪器 ② 使用时用铁夹夹住冷凝管的重心部位（约中上方），并固定于铁架台上 ③ 冷凝套管的下支管为进水口，上支管为出水口，且上端出水口应向上 ④ 蒸馏时，应先向冷凝管通冷水，再加热 ⑤ 蛇形冷凝管须垂直安装，切勿斜装
熔点测定管	用于固体物质熔点的测定	① 使用时，应固定在铁架台上 ② 应在熔点测定管的倾斜部分加热
接液管	用于接引冷凝管中冷凝的液体	① 接液管与接液器（如锥形瓶）间不可用塞子塞住 ② 拆除装置时，应先拆除接液管，后拆除冷凝管
水浴锅	用于间接加热，也可用于粗略控温实验	① 加热时防止锅内水烧干，损坏锅体 ② 用后应将水倒出，洗净擦干锅体，以免受腐蚀

续表

仪 器	主要用途	使用方法和注意事项
塞子 玻璃弯管	用于实验装置中仪器之间的连接和密封	① 塞子分为橡皮塞和软木塞两种 ② 塞子的选配以塞子塞进仪器口 1/3～1/2 为宜 ③ 玻璃弯管的大小及角度应与连接的仪器相配套
座式喷灯　挂式喷灯	用于高温加热物质,外焰(氧化焰)温度可高达 800 ℃～900 ℃	① 用前需要预热使酒精汽化 ② 燃烧过程保持酒精喷孔和空气孔畅通

四、玻璃仪器的洗涤与干燥

玻璃仪器的干净程度直接影响实验的结果,化学实验前后必须将玻璃仪器清洗干净。根据使用需要,有些实验还需对玻璃仪器进行干燥处理。

（一）玻璃仪器的洗涤方法

玻璃仪器洗涤干净的标准是：器皿内壁不挂水珠,只附着一层均匀的水膜,如图 1-2 所示。

洗净:不挂水珠　　未洗净:挂水珠

图 1-2　玻璃仪器洗净的标准

实验的要求、污物的性质和玷污的程度不同时,需要选择不同的洗涤液和洗涤方法。基础化学实验中常用的洗涤方法有如下几种：

1. 水荡洗

多次往仪器中注入少量水(不超过容积的 1/3),用力振荡后将水倒掉。水是最常用、最方便的洗涤液,利用水可将水溶性污物溶解而除去。

2. 毛刷洗

利用毛刷对器壁的摩擦洗涤仪器内壁不易冲洗掉的污物。洗涤步骤为：水润湿仪器内壁→毛刷蘸取少量去污粉(或肥皂液、合成洗涤剂等)→按先内壁后外壁刷洗仪器→自来水冲洗→蒸馏水淋洗 2～3 次(必要时)。

必须选用形状、大小与仪器相适应的毛刷,刷洗时用力不宜过猛,以免损坏仪器。

3. 铬酸洗

对于口小、管细且容量准确的较精密的玻璃仪器,不易、不宜用毛刷刷洗时,常使用具有强酸性和强氧化性的铬酸洗液洗涤玷污的无机物和残留的油污。洗涤步骤为：注入少量铬酸洗液→倾斜转动至管壁全部湿润→洗液倒回原瓶→自来水冲洗→蒸馏水淋洗 2~3 次。

此外，在化学实验中，还常常利用某些试剂与污物反应转化为可溶性物质的方法除去污物。例如，用稀盐酸洗去碱性残留物，用碱液洗去酸性残留物，用 6 mol/L 硝酸除去试管壁上的银和铜，用硫代硫酸钠溶液洗涤附于器壁上的难溶性银盐等。

（二）玻璃仪器的干燥方法

洗涤干净的玻璃仪器可采用如下方法干燥：

1. 晾干

不急于使用的玻璃仪器可倒置在实验柜内或仪器架上，自然晾干。

2. 加热干燥

可加热或耐高温的急用玻璃仪器可通过加热使水分蒸发而干燥。常见的方法有电烘箱烘干、小火烤干或电吹风吹干，如图 1-3 所示。

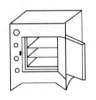
烘干(150 ℃左右控温)

烤干(仪器外壁擦干后用小火烤干，同时要不断摇动使受热均匀)

吹干

图 1-3　玻璃仪器的干燥

3. 有机溶剂干燥

不可加热的计量仪器在急用时，可在洗净的仪器内壁注入少量易挥发且与水互溶的有机溶剂（如酒精、丙酮等），倾斜并转动仪器使内壁全部湿润，倒出溶剂，然后晾干或吹干。

五、化学试剂

根据用途的不同，化学试剂可分为一般化学试剂和特殊化学试剂。基础化学实验中，主要使用一般化学试剂。

（一）化学试剂的规格

我国国家标准（GB）根据试剂的纯度和杂质含量的高低，将一般化学试剂分为四级，其规格和适用范围见表 1-2。

表 1-2　化学试剂的规格及适用范围

试剂级别	名称	符号	标签颜色	适用范围
一级	优级纯	G.R.	绿色	精密分析、科研工作
二级	分析纯	A.R.	红色	分析实验
三级	化学纯	C.P.	蓝色	一般化学实验
四级	实验试剂	L.R.	黄色	工业或化学制备

按照规定,试剂的标签上必须标示试剂的名称、化学式、摩尔质量、级别、技术规格、产品标准号等,危险品和毒品应该标示相应的标志。

(二)化学试剂的存放

在实验室分装化学试剂时,一般将固体试剂装入易取用的广口瓶中,液体试剂或配制的溶液盛放于易倒出的细口瓶中,用量小而使用频繁的试剂盛放在带有滴管的滴瓶内,见光易分解的试剂或溶液盛放在棕色瓶中,易腐蚀玻璃的试剂装在塑料瓶内。试剂瓶上必须贴上写有试剂名称、规格或浓度(溶液)、制备日期的标签,保存在通风、干燥、洁净的房间里。氧化剂、还原剂应密封、避光保存,易挥发和低沸点试剂应保存在低温阴暗处。

(三)化学试剂使用规则

(1)按实验规定用量取用试剂,不得随意增减。

(2)绝不允许将试剂任意混合。

(3)不准用手直接取用试剂。固体药品要用干净的药匙取用,液体试剂要用滴管、吸管取用,或直接倒入盛试剂的器皿中。

(4)取用试剂前要核对标签,确保万无一失。

(5)试剂瓶的瓶盖取下后,应倒立仰放在实验台上(如果瓶盖扁平则用食指和中指夹住或放在清洁干燥的表面皿上)。取用试剂后要及时盖好瓶盖并将试剂瓶放回原处。

(6)取出的试剂未用完部分,不能倒回原试剂瓶,应倾倒在教师指定的容器中。

(7)使用腐蚀性药品及易燃、易爆的药品时,要小心谨慎,严格遵守操作规程,遵从教师指导。

(四)试纸

在定性检验一些溶液的性质或某些物质的存在时,常常使用各种试纸。试纸是将滤纸浸渍指示剂或液体试剂而制成,具有使用方便、反应快速的特点。实验室中常使用下列两类试纸:

1. 酸碱性试纸

(1)pH 试纸:包括广泛 pH 试纸和精密 pH 试纸两种。

广泛 pH 试纸用于粗略地测定溶液的 pH，按照变色范围的不同分为 1～10、1～12、1～14、9～14 四种，实验室常用 1～14 的广泛 pH 试纸。

精密 pH 试纸用于比较精确地测定溶液的 pH，按照变色范围的不同分为 0.5～5、2.7～4.7、3.8～5.4、5.4～7.0、6.8～8.4、8.2～10.0、9.5～13.0 等。

使用时，用镊子取一小块试纸于干净的表面皿边缘或点滴板上，再用玻璃棒蘸少量待测溶液点于试纸中部，试纸变色后与标准比色卡比较，确定溶液的 pH。

（2）石蕊试纸：有红色石蕊试纸和蓝色石蕊试纸两种。使用时，用镊子取一小块试纸于干净的表面皿边缘或点滴板上，再用玻璃棒蘸少量待测溶液点于试纸中部，酸性溶液使蓝色石蕊试纸变红色，碱性溶液使红色石蕊试纸变蓝色。

2. 特殊试纸

（1）淀粉-碘化钾试纸：用于检验 Cl_2、O_2、H_2O_2 等氧化剂。碘化钾被氧化剂氧化产生的单质碘（I_2）遇到淀粉显蓝色。

使用方法：将一小块试纸用蒸馏水润湿后，置于盛有待测溶液的试管口上，观察试纸的变色情况。

（2）醋酸铅试纸：用于检验硫化氢（H_2S）的存在。硫化氢气体与湿润试纸上的醋酸铅反应产生的硫化铅（PbS）使试纸显黑褐色。使用时，将一小块试纸用蒸馏水润湿后，盖在放有反应溶液的试管口上。

六、化学实验室用水

天然水长期接触土壤、空气、矿物质等，不同程度地溶有无机盐、气体和某些有机物等杂质，化学实验室不宜直接使用天然水。天然水经初步处理后得到的自来水在化学实验室中常用作粗洗仪器用水、水浴用水和无机制备前期用水。自来水再经过进一步处理后才得到纯水，即化学实验室用水。

（一）化学实验室用水的级别及主要技术指标

国家标准（GB 6682—2008）中明确规定了实验室用水的级别和主要技术指标，见表 1-3。

表 1-3　化学实验室用水的级别及主要技术指标

指标名称	一级	二级	三级
pH 范围（25 ℃）	—	—	5.0～7.5
电导率（25 ℃）/(mS/m)	≤0.01	≤0.10	≤0.50
可氧化物质含量（以 O 计）/(mg/L)	—	≤0.08	≤0.4
吸光度（254 nm，1 cm 光程）	≤0.001	≤0.01	—

续表

指标名称	一级	二级	三级
蒸发残渣含量(105°±2 ℃)/(mg/L)	—	≤1.0	≤2.0
可溶性硅含量(以 SiO_2 计)/(mg/L)	≤0.01	≤0.02	—

注：① 由于在一级水、二级水的纯度下，难于测定其真实的 pH，因此对一级水、二级水的 pH 范围不做规定。
② 由于在一级水的纯度下，难于测定其可氧化物质和蒸发残渣，因此对其限量不做规定，可用其他条件和制备方法来保证一级水的质量。

（二）化学实验室用水的分类和用途

根据制备方法的不同，化学实验室用水可分为蒸馏水、离子交换水和电渗析水三种。

1. 蒸馏水

用蒸馏法制得的水称为蒸馏水。蒸馏法可以除掉水中非挥发性杂质，所以蒸馏水比较纯净，但冷凝管的锈蚀和可溶性气体的溶解使蒸馏水中仍存在少量杂质。实验中需要使用更高纯度水时，可在蒸馏水中加入少量高锰酸钾和氢氧化钡，除去其中极微量的无机杂质、有机杂质和挥发性酸性氧化物，再次进行蒸馏制取重蒸水（二次蒸馏水）。

2. 离子交换水

用离子交换法制得的水称为离子交换水。离子交换除去了水中的杂质离子，又称"去离子水"，其纯度很高。但离子交换不能除掉非离子型杂质，故去离子水中仍含有微量有机物。

3. 电渗析水

电渗析水是通过电渗析法制得的水。电渗析法是在直流电场作用下，利用阴、阳离子交换膜对原水中存在的阴、阳离子选择性渗透的性质除去离子型杂质，但不能除掉非离子型杂质。电渗析水的纯度比蒸馏水低。

不同的实验，对水质的要求不尽相同。实验中应根据需要选择用水。一般的化学实验用一次蒸馏水或去离子水，超纯分析或精密实验需用水质要求更高的二次蒸馏水、三次蒸馏水等。

（三）制药用水

药物的生产和制剂的制备过程需使用大量的水。按使用范围不同，制药用水分为饮用水、纯化水、注射用水、灭菌注射用水四种。

饮用水是天然水经净化处理所得、质量符合国家《生活饮用水卫生标准》的水，为制药用水的原水，还可用作药材漂洗、制药用具粗洗用水。纯化水为饮用水经过蒸馏

法、离子交换法、反渗析法或其他适宜的方法制备的供药用的水,是注射用水的水源,并作为配制普通药物制剂的溶剂或试验用水等。注射用水为纯化水经过蒸馏制得的水,作为配制注射剂、滴眼剂的溶剂或稀释剂。灭菌注射用水则为注射用水按照注射剂生产工艺制备所得,主要用于注射用灭菌粉末的溶剂或注射液的稀释剂。

第二章

化学实验基本操作技术

化学实验基本操作是我们开展化学实验、学习化学知识的前提和基础,也是学习药学职业技能的基础。通过本章的学习和训练,形成规范的称量、取用试剂、加热、溶解、过滤以及蒸发等基本操作技能,初步学会运用实验技能解决实际问题的方法,为我们后续的学习打下坚实的基础。

第一节 化学实验基本操作技术(一)

一、物质的称量

(一)托盘天平、扭力天平的使用

1. 托盘天平

托盘天平又叫台秤,是实验室常用的称量仪器,用于精密度不高的称量。其构造如图 2-1 所示。

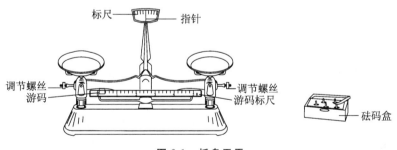

图 2-1 托盘天平

托盘天平荷载有 100 g、200 g、500 g、1 000 g 等规格,实验室常用的规格是 100 g,一般可称准至 0.1 g。使用步骤如下:

(1)调零点。在两个称量盘上分别放上称量纸或表面皿,将游码拨到游码标尺的"0"处,检查天平的指针是否停在标尺的中间位置,若不在中间位置,可调节称量盘下侧的调节螺丝,使指针指到零点。

(2)称量。药品不能直接放在称量盘上,应该放在称量纸或表面皿上称量。称量时,左称量盘放被称物,右称量盘放砝码。加砝码时,先加质量大的,后加质量小的,最后用游码调节。当指针停在标尺的中间位置时,如图 2-2 所示,记录所加砝码和游码的质量,两者的质量之和即为被称物的质量。

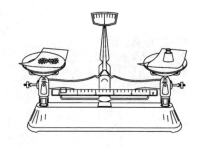

图 2-2 读数时托盘天平的状态

(3)还原天平。将砝码放回砝码盘中,游码移至刻度"0"处,天平的两个称量盘重叠在天平的某一侧,以免天平摆动磨损刀口。

2. 扭力天平

扭力天平的外形构造如图 2-3 所示。

刻度盘的量程为 1 g,盘上每一大格表示 0.1 g,每一小格为 0.01 g。一般可称准到 0.01 g。使用步骤如下:

(1)调零。将天平放在稳固的工作台上,垫好垫脚,将刻度盘的"0"位对准标准线,旋动开关旋钮,观察其指针是否在标牌中间,若指针不在标牌中间,应旋转两只水平调整脚至指针对准标牌中间。水平调整脚无法调整时,须将面板上两颗螺钉松开,取下面板,将平衡砣左右移位,直至平衡。然后将平衡砣上固定螺钉旋紧,依次装上面板等。

1. 垫脚 2. 水平调整脚 3. 开关旋钮 4. 称量盘 5. 刻度盘 6. 指针 7. 天平盖

图 2-3 扭力天平

(2)称量。先用托盘天平粗略称量,然后把被称物放在左盘,根据粗称质量在右盘加"克"以上的砝码,用镊子向右盘加减砝码,最后旋转刻度盘,使指针对准标牌中间。此时天平平衡,记录盘中砝码总质量与刻度盘读数,两者之和即为被称物的质量。

在称量过程中,加减被称物、砝码及旋转刻度盘时均要关闭天平的开关旋钮;在读取被称物质量数值时,要合上天平盖,开启天平的开关旋钮。

(3)还原天平。使用完毕,关闭天平开关旋钮,取出称量物,把砝码放回砝码盒,刻度盘归零,清洁天平托盘,将天平置于有吸湿剂的框罩内。

(二)托盘天平、扭力天平的称量方法

1. 直接称量法

该法适于直接称量给定药品的质量。操作步骤为:调零点→称量→还原天平。

2. 固定质量称量法

该法适于称出某一给定质量的药品。操作步骤如下：

(1) 调零点。

(2) 放砝码。在天平上调好所需称量药品的质量，砝码放在右边的称量盘上。

(3) 加样。右手拿住已盛药品的药匙，左手轻轻拍打右手，使药品极少量洒落入称量盘的称量纸上，一边拍打，一边观察指针的移动，当指针移动到标尺的中间位置时，停止拍打，左边称量盘所盛的药品就是所需质量的药品。

(4) 还原天平。

二、试剂的取用

实验所用的试剂，有的有毒性，有的有腐蚀性，因此一律不准用口尝它们的味道或用手直接拿药品。取用时，应看清标签。

(一) 液体试剂的取用

1. 取少量液体试剂

使用滴管吸取。往接收容器中滴加液体时，滴管不能伸入接收容器中，以免接触器壁而污染药品，更不能伸入其他液体中。滴管口应置于容器的略上方，并应垂直，如图 2-4 所示。装有试剂的滴管不能管口向上斜放，以免试剂流入滴管的胶头中，引起试剂污染变质。

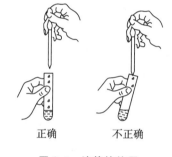

图 2-4 滴管的使用

2. 取用一定体积的液体试剂

(1) 使用量筒(杯)。粗略取用一定体积的试剂所选择的量器是量筒或量杯。量筒的规格以所能量度的最大容量(mL)表示，常用的有 10 mL、25 mL、50 mL、100 mL、250 mL、500 mL、1 000 mL 等。实验中应根据所取溶液的体积尽量选用能一次量取的最小规格的量筒。使用方法如下：

① 洗涤。必须使用洁净的量筒量取试剂。使用前，用自来水充分冲洗量筒，再用蒸馏水润洗三次。如果污染严重，需先用铬酸洗液进行洗涤。

② 取液。用右手握住试剂瓶，标签对准手心，打开瓶盖，将瓶塞反放在实验台上。左手拿着量筒，向右略倾斜，试剂瓶口对着量筒口，小心倾倒试剂，如图 2-5(a)所示。在接近所需用量时，停止倾倒，改用干燥、洁净的滴管滴加。滴管不能伸入量筒内，应垂直地置于量筒口的略上方，如图 2-5(b)所示。读取量筒内液体体积时，量筒必须放平稳，且使视线与量筒内液体的凹液面最低处保持水平，读取与凹液面底部相切的刻度，如图 2-5(c)所示。

图 2-5　量筒的使用

③ 倒液。从量筒的尖嘴部位将试剂倒出。对于黏稠状试剂（如糖浆、甘油等），因其黏附量筒内壁流出速度比较慢，应该保持一定时间，使之充分流出，以免残留量过多。从量筒中倒出液体后不需要用水洗涤量筒。

（2）使用移液管。准确取用一定体积的试剂所选择的量器是移液管。常用的移液管形状如图 2-6(a)所示，是一根中间有一膨大部分的细长玻璃管，膨大部分标有它的容积和标定的温度。其下端为尖嘴状，上端管颈处刻有一条标线，是所移取的准确体积的标志。常用的移液管有 5 mL、10 mL、25 mL、50 mL、100 mL 等规格。使用方法如下：

① 洗涤。使用时，应先将移液管洗净，使整个内壁和下部的外壁不挂水珠。为此，可先用自来水充分冲洗，再用适量的蒸馏水润洗三次，并用洗瓶冲洗管下部的外壁，最后用适量的待量取试剂润洗三次。如果污染严重，需先用铬酸洗液进行洗涤。

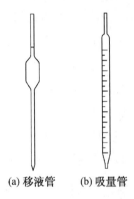

图 2-6　移液（吸量）管

② 吸液。以右手拇指及中指捏住管颈标线以上的地方，将移液管插入试剂液面下约 1 cm（不应伸入太多，以免管尖外壁沾有过多溶液；也不应伸入太少，以免液面下降后而吸空）。这时，左手拿洗耳球，先把球中空气压出，再把球的尖端紧按在移液管管口处，慢慢松开洗耳球使溶液吸入管中，如图 2-7(a)所示。眼睛注意正在上升的液面位置，移液管应随容器内液面下降而下降，当液面上升到刻度标线以上约 1 cm 时，立即移开洗耳球，迅速用右手食指堵住管口，左手拿起盛放试剂的容器，然后将移液管垂直提离液面，稍微松开右手食指，使液面缓缓下降，此时视线应平

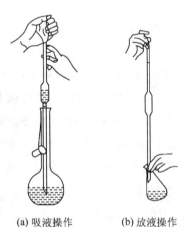

图 2-7　移液管的使用

视标线,直到凹液面与标线相切,立即按紧食指,使液体不再流出,并使出口尖端接触容器外壁,以除去尖端外残留溶液。

③ 放液。将移液管移入准备接收试剂的容器中,使其出口尖端接触器壁,容器微倾斜,移液管保持直立;松开右手食指,使溶液自然地沿内壁流下,如图2-7(b)所示。待溶液停止流出后,一般等待15 s移出移液管。注意:除在管上特别注明"吹"外,管尖最后残留的溶液不可吹出。此种移液管称为非吹式移液管。但必须指出,由于管口尖部做得不很圆滑,因此留存在管尖部位的体积可能会由于靠接收器内壁的管尖部位方位不同而有大小变化。为此,可在等待15 s后,将管身左右旋转一下,这样管尖部分每次留存的体积即基本相同,不会导致平行测定时的过大误差。在同一实验中应尽可能使用同一根移液管。

(3) 使用吸量管。吸量管又称分度吸管、刻度吸管,如图2-6(b)所示,是一根由上而下(或由下而上)刻有容量数字的细长玻璃管,管上端标有它的容积和标定的温度。常用的吸量管有1 mL、2 mL、5 mL和10 mL等规格。吸量管可以准确量取标示范围内任意体积的溶液。使用时,将溶液吸入,读取与液面相切的刻度(如"0"刻度),然后将溶液放出至适当刻度,两刻度之差即为放出溶液的体积。

注意:在使用吸量管时,为了减小测量误差,每次都应从最上面刻度("0"刻度)处为起始点,往下放出所需体积的溶液,而不是需要多少体积就吸取多少体积。

(二) 固体试剂的取用

1. 取粉末状或小颗粒药品

要用洁净的药匙。往试管里装粉末状药品时,应先把试管平放,为了避免药粉沾在试管口和管壁上,可将装有试剂的药匙或"V"形纸槽平放入试管底部,然后竖直,轻轻抽动纸槽几次,最后再取出药匙或纸槽,如图2-8所示。

用药匙往试管里送入固体试剂

用纸槽往试管里送入固体试剂

图2-8 试管里装入粉末状药品

2. 取块状药品或金属颗粒

要用洁净的镊子夹取。装入试管时,应先将试管平放,把颗粒放进试管口内后,再把试管慢慢竖立,使颗粒缓慢地滑到试管底部。

注意:取出的试剂绝不允许再倒回原试剂瓶,可倒入指定容器中。试剂取出后,一定要把瓶塞盖严,并将试剂瓶放回原处。

三、技能训练

[训练目的]

(1) 学会使用托盘天平和扭力天平进行物质的称量。

(2) 学会使用量筒、移液管以及吸量管量取一定体积的液体。

(3) 学会少量固体试剂的取用。

[实验用品]

仪器：托盘天平、扭力天平、烧杯、药匙、移液管、吸量管、洗耳球、试管、镊子、滴管、锥形瓶、量筒(杯)。

药品：碳酸钠、2 mol/L 氢氧化钠溶液、酚酞试液、甘油、锌粒、蒸馏水。

其他：称量纸、纸条、火柴。

[训练内容]

1. 物质的称量

(1) 用托盘天平：① 用直接称量法称量一只小烧杯的质量；② 用固定质量称量法称取 3.5 g 碳酸钠。

(2) 用扭力天平：① 用直接称量法称量一小物品(自选)的质量；② 用固定质量称量法称出 0.25 g 碳酸钠。

2. 液体试剂的取用

(1) 取 5 mL 量筒，使用滴管按操作要求向量筒内滴加 1 mL 蒸馏水，检验所使用的滴管多少滴为 1 mL。然后将量筒内 1 mL 水倒入干净试管内，观察并记下其高度。反复练习，尽量做到心中有数，在以后的性质实验中，可用滴管直接取约 1 mL 试剂到试管内。

(2) 向一支干净试管中滴加 1 滴酚酞试液，再滴加 1 mL 2 mol/L 氢氧化钠溶液，注意此操作不能用量筒量取，直接用滴管滴加，观察现象。

(3) 用量筒分别量取 5 mL 蒸馏水、5 mL 甘油置于试管中。

(4) 用移液管从试剂瓶中量取 25 mL 液体置于锥形瓶中。

(5) 用吸量管精密量取 7 mL 蒸馏水置于小烧杯中。

3. 固体试剂的取用

(1) 往试管中装入少量固体碳酸钠。

(2) 往试管中装入一小粒金属颗粒(锌粒)。

[注意事项]

(1) 过冷或过热的物体不可放在天平上称量，应先在干燥器内放置至室温后再称量。在称量过程中，不可再碰平衡螺母。

(2) 量筒不能作反应容器，不能加热。

(3) 移液管(吸量管)不应在烘箱中烘干。移液管(吸量管)不能移取太热或太冷的溶液。

[问题与讨论]

(1) 甲、乙两位同学都用托盘天平称出一定质量的药品。甲同学的称量方法为：① 调零点；② 将药品倒入左边的称量盘；③ 调节砝码和游码，使指针在标尺的中间位置，砝码和游码所示质量之和为药品的质量。乙同学的称量方法为：① 调零点；② 按所要求药品的质量调节好砝码和游码，使砝码和游码所示质量之和为药品的质量；③ 将药品倒入左边的称量盘，当指针在标尺的中间位置时停止倒入药品。哪位同学的称量方法正确？

(2) 用量筒量取溶液，图 2-9 所示三种读数方法哪种正确？错误的读数方法会使读数有何变化？

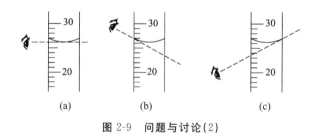

图 2-9　问题与讨论(2)

(3) 图 2-10 是某位同学往试管里加粉末状药品和金属颗粒的操作示意图。这位同学的两个操作是否正确？错在何处？

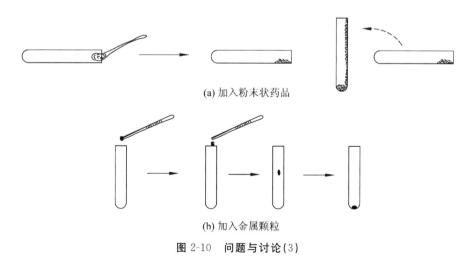

图 2-10　问题与讨论(3)

(4) 液体取用 ┬ 取几滴或 1～2 mL，用_____
　　　　　　└ 取一定体积 ┬ 要求：粗略，用_____
　　　　　　　　　　　　 └ 要求：精确，用_____

(5) 往试管中滴加几滴试剂，图 2-11 所示操作正确的是_____。

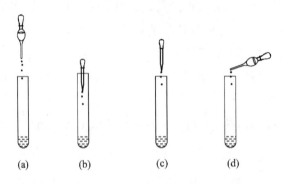

图 2-11　问题与讨论(5)

(6) 刚洗干净的量筒，在急用时可用小火烤干吗？

第二节　化学实验基本操作技术(二)

一、基本操作与方法

(一) 酒精灯的使用

在化学实验中，通常使用酒精灯加热物品。使用酒精灯时应该注意：

1. 检查

检查灯芯是否完好，检查酒精贮量，如贮量少于容积的 1/4，则需要添加酒精，添加酒精的体积不能超过酒精灯容积的 2/3。

2. 点燃

注意只能用火柴或打火机点燃灯芯，不能在酒精灯灯芯之间相互对点。

3. 火焰

酒精灯的灯焰如图 2-12 所示。酒精灯外焰的温度较高，用酒精灯加热物体时，应充分使用灯焰的外焰。

4. 熄灭

用灯帽熄灭酒精灯，严禁用嘴吹灭酒精灯。

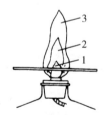

1. 焰心；2. 内焰；3. 外焰

图 2-12　酒精灯的灯焰

（二）加热

1. 试管的加热方法

试管可直接放在火焰上加热。加热时，不能用手直接拿试管，必须用试管夹夹住。加热液体时，放入试管中的液体体积不能够超过试管总容量的1/3。试管与桌面成45°角，管口对着无人处，如图2-13所示。先上下移动预热，再集中火力加热试管的中下部。

加热固体时，先预热，再加热试管中的固体，试管口稍微向下倾斜（图2-14），以免加热过程中试管口冷凝的水珠倒流到灼热的试管底部，使试管骤冷而炸裂。

2. 烧杯的加热方法

给烧杯内的液体加热，烧杯底部要垫上石棉网，如图2-15所示。

图2-13　试管内液体物质的加热　　图2-14　试管内固体物质的加热　　图2-15　烧杯的加热

3. 蒸发皿的加热方法

蒸发皿可以直接放在热源上加热，常用于溶液的蒸发、浓缩。

4. 水浴加热方法

对于热稳定性差、受热容易分解的物质，以及容易燃烧、不宜用明火加热的物质，需要间接地进行加热。水浴加热，即将盛有物质的器皿置于热水中间接加热，是最常用的间接加热方式，通常在水浴锅、烧杯中进行，适用于需要控制温度不超过100 ℃的物质的加热。

（三）溶解

在化学实验中，经常要把固体物质溶解于溶剂中，配成溶液以供使用。溶剂包括无机溶剂和有机溶剂，水是最常用的无机溶剂，有机溶剂在有机合成、萃取、洗涤、重结晶和色谱等方面广泛使用。

1. 固体的研磨

在溶解颗粒比较大的固体前，需要进行粉碎处理。粉碎固体可以通过研钵、小型球磨机或胶体磨完成，一般在研钵中进行。

2. 溶解

溶解的操作程序如图2-16所示。

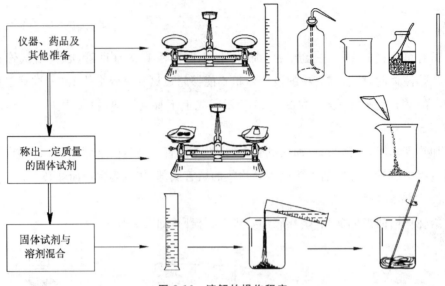

图 2-16　溶解的操作程序

溶解是一个复杂的物理化学过程,必须根据溶质、溶剂的性质和溶解的目的,合理选择溶剂和溶解条件。根据"相似相溶"规则,水是大多数无机物的常用溶剂,有机物的溶解多选用有机溶剂。加热和搅拌可加快溶解速度。

(四) 过滤

过滤是使固体和液体分离的操作。从操作的形式上看,过滤方法分为常压过滤、加热过滤和减压过滤。

1. 常压过滤

常压过滤即普通过滤,是最简便和常用的过滤方法,适用于过滤胶体和细小晶体,但过滤速度比较慢。普通过滤的操作程序如图 2-17 所示。

2. 加热过滤

加热过滤又称热过滤。热过滤的内容留待后续学习。

3. 减压过滤

减压过滤又称抽滤、吸滤。减压过滤的内容留待后续学习。

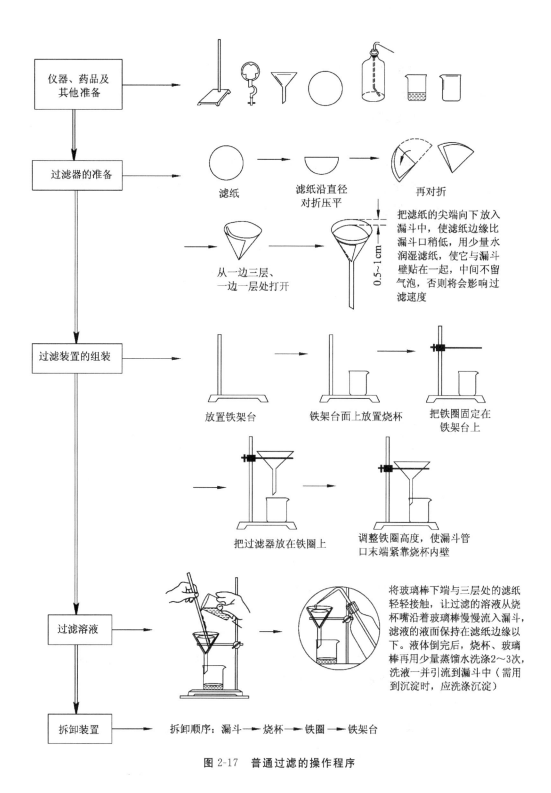

图 2-17 普通过滤的操作程序

（五）结晶

溶液达到过饱和后，物质从液态或气态中析出晶体的过程称为结晶。为了获得纯净的晶体，结晶前通常先过滤除去不溶性杂质。根据操作方法的不同，结晶分为蒸发结晶、冷却结晶、真空结晶和盐析结晶。

1. 蒸发结晶

在化学实验中，将不挥发性溶质的溶液加热沸腾，蒸去溶剂而浓缩的过程叫蒸发。溶解度随温度变化不大的物质，如 NaCl、KCl 等，需要加热蒸发溶剂，使溶液达到过饱和状态才能获得晶体。蒸发结晶的操作程序见图 2-18。

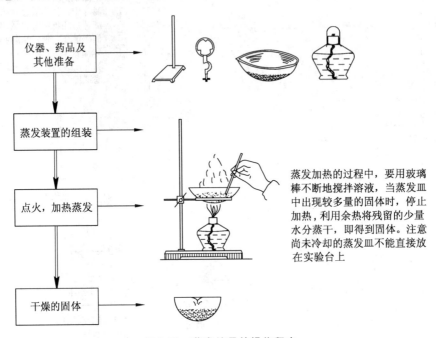

图 2-18 蒸发结晶的操作程序

蒸发皿中盛放液体的量不能超过其容积的 2/3，可以随溶剂的蒸发逐渐添加被蒸发液。蒸发对热不稳定的物质的溶液时，采用水浴加热。

2. 冷却结晶

将溶液降温冷却，使之成为过饱和溶液而使晶体析出。此方法适用于那些易溶解且溶解度随着温度改变变化较大的物质。

3. 真空结晶

将溶液在真空状态下闪急蒸发，使溶液在浓缩与冷却的双重作用下达到过饱和而结晶。该法在工业结晶中应用广泛。

4. 盐析结晶

向溶液中加入溶解度较大的盐类，以降低被结晶物质的溶解度，使其达到过饱和而结晶。

（六）重结晶

重结晶是指在固体化合物或一次结晶所得的晶体中重新加入少量溶剂加热后再次结晶的过程。重结晶利用溶解度随温度变化的性质，使物质在较高温度时溶解、较低温度时结晶，通过过滤除去杂质，是提高固体化合物纯度最常用的一种方法。

重结晶的操作顺序为：制备饱和溶液→活性炭脱色→热过滤→冷却结晶→抽滤→晶体干燥。

二、技能训练

［训练目的］

学会物质的加热、溶解、普通过滤和蒸发结晶操作。

［实验用品］

仪器：烧杯、量筒、玻璃棒、蒸发皿、酒精灯、玻璃漏斗、托盘天平、药匙、铁架台、铁圈。

药品：硫酸铜晶体、2 mol/L 氢氧化钠溶液、粗盐、苯甲酸、无水乙醇、蒸馏水。

其他：称量纸、滤纸、火柴。

［训练内容］

1. 加热

取少量硫酸铜晶体放入干燥的试管中，加热至晶体变为白色后，停止加热。待冷却到室温后，加入约 2 mL 蒸馏水溶解，再滴加 3～4 滴 2 mol/L 氢氧化钠溶液，振荡后加热至溶液变色。

2. 溶解

（1）按溶解的操作程序把 2 g 食盐溶于 10 mL 蒸馏水中。

（2）取 0.5 g 苯甲酸粉末，放入 100 mL 烧杯中，加入无水乙醇 20 mL，放入热水浴中加热溶解。

3. 过滤

（1）组装过滤装置。

（2）按过滤的操作程序将溶解得到的食盐溶液和苯甲酸溶液分别过滤。（苯甲酸的洗涤必须使用无水乙醇）

4. 蒸发结晶

（1）组装蒸发装置。

（2）按蒸发结晶操作程序将过滤所得的食盐滤液蒸发结晶。

［问题与讨论］

（1）图 2-19 所示的操作哪些正确？哪些错误？

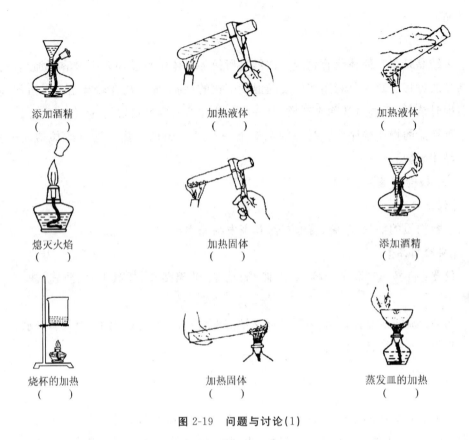

图 2-19　问题与讨论(1)

(2) 指出图 2-20 所示过滤操作的错误之处。

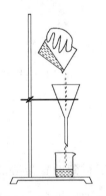

图 2-20　问题与讨论(2)

(3) 在蒸发结晶操作中,待固体完全干燥后才能停止加热。这种操作正确吗?

(4) 指出图 2-21 所示蒸发操作的错误之处。

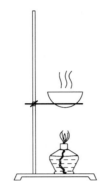

图 2-21　问题与讨论(4)

(5) 请运用本次实验所学会的基本操作，设计出完成以下转变的操作程序。要求：写出实验所用的仪器，画出实验装置图。

含有不溶性杂质　　　　不含杂质

图 2-22　问题与讨论(5)

第三节　技能应用实例
——药用氯化钠的制备

一、制备原理

药用氯化钠以粗食盐为原料，通过除去杂质提纯而制得。粗食盐中主要含有泥沙等不溶性杂质和 K^+、Ca^{2+}、Mg^{2+}、SO_4^{2-}、Fe^{3+}、Br^-、I^- 等盐的可溶性杂质，使用下列方法可以逐步除去：

(1) 用溶解、过滤方法除去不溶性杂质。

(2) 用化学方法除去可溶性杂质中的 Ca^{2+}、Mg^{2+}、SO_4^{2-}。

① SO_4^{2-} 用稍过量的 $BaCl_2$ 除去：

$$Ba^{2+} + SO_4^{2-} = BaSO_4 \downarrow$$

② Ca^{2+}、Mg^{2+} 及为沉淀 SO_4^{2-} 带入的 Ba^{2+} 用 NaOH 和 Na_2CO_3 除去：

$$Ca^{2+} + CO_3^{2-} = CaCO_3 \downarrow$$

$$Ba^{2+} + CO_3^{2-} = BaCO_3 \downarrow$$

$$Mg^{2+} + 2OH^- = Mg(OH)_2 \downarrow$$

③ 过量的 OH^- 和 CO_3^{2-} 用 HCl 除去：

$$OH^- + H^+ = H_2O$$

$$CO_3^{2-} + 2H^+ = H_2O + CO_2 \uparrow$$

(3) 含量少的 K^+、Br^-、I^- 等因溶解度很大,在浓缩结晶时残留在母液中而除去。

二、制备实验

[实验目的]

(1) 巩固称量、溶解、沉淀、过滤、蒸发和浓缩等基本操作技能。

(2) 学会运用化学实验技能开展化学实验。

(3) 了解药用氯化钠的制备原理。

[实验用品]

仪器：烧杯、蒸发皿、酒精灯、玻璃漏斗、托盘天平、药匙、铁架台、铁圈、石棉网。

药品：粗食盐、1 mol/L 氯化钡溶液、2 mol/L 盐酸溶液、2 mol/L 氢氧化钠溶液、饱和碳酸钠溶液、3 mol/L 硫酸溶液。

其他：pH 试纸、滤纸、称量纸、火柴。

[实验内容]

1. 溶解粗食盐

称取 8 g 粗食盐于 100 mL 小烧杯中,加入 30 mL 蒸馏水,边加热边搅拌使其溶解。

2. 除去 SO_4^{2-} 和不溶性杂质

将上述溶液加热至沸腾,边搅拌边滴加 1 mol/L 氯化钡溶液至沉淀完全（检查方法：停止加热,待沉淀下沉后,取少量上层清液于试管中,加入 2 滴氯化钡溶液,观察是否产生浑浊。无浑浊说明 SO_4^{2-} 沉淀完全,仍产生浑浊则需要继续滴加 $BaCl_2$ 溶液至所取清液经检验再无浑浊为止）。继续加热 5 min,用普通过滤法过滤,弃去沉淀。

3. 除去 Ca^{2+}、Mg^{2+} 及过量的 Ba^{2+}

加热滤液至沸腾,边搅拌边滴加饱和碳酸钠溶液至不再有沉淀生成,再滴加 2 mol/L 氢氧化钠溶液,调节 pH 为 10～11。然后加热至沸腾。待沉淀沉降后,吸取少量上层清液于试管中,加入几滴 3 mol/L 硫酸溶液,振荡试管,观察有无浑浊产生。若无白色浑浊,表明 Ba^{2+} 已除尽。若仍有白色浑浊,则需要加饱和碳酸钠溶液直至所取清液经检验再无浑浊。静置片刻,用普通过滤法过滤,弃去沉淀。

4. 除去过量的 OH^- 和 CO_3^{2-}

往滤液中边搅拌边滴加 2 mol/L 盐酸溶液,调节 pH 为 3～4,除去过量的 OH^- 和 CO_3^{2-}。

5. 蒸发结晶

将滤液倒入蒸发皿中用小火加热蒸发,并不断搅拌,浓缩至糊状,但切不可蒸干。适当冷却后,过滤并用少许蒸馏水洗涤晶体两次。将结晶重新置于干净的蒸发皿中,在石棉网上用小火加热烘干。产品留待后续实验使用。

[注意事项]

(1) 蒸发时,氯化钠溶液不能蒸干,否则可溶性杂质无法分离出去。

(2) 氯化钠晶体必须用小火慢慢烘干,否则会造成氯化钠晶体溅出。

[问题与讨论]

(1) 在药用氯化钠的制备过程中,是否可先除去 Ca^{2+}、Mg^{2+},再除去 SO_4^{2-}?

(2) 为什么蒸发时氯化钠溶液不能蒸干?

(3) 中和过量的 NaOH 和 Na_2CO_3 为什么只用 HCl 溶液,是否可以用 H_2SO_4 溶液代替?

第三章

无机化合物的鉴别、鉴定技术

组成无机物的分子或离子的化学性质不相同是无机物性质差异的主要原因。因此,利用各种分子或离子的化学性质中有一定的外观特征,通过完全、快速、灵敏的反应(又称鉴定反应)就可以进行无机物的鉴别、鉴定和质量检查。无机物在水溶液中主要以离子的形式存在,直接反应的是溶液中的离子,因此实验室中更多应用的是离子的鉴定反应。

第一节 常用无机物的性质和离子的鉴定

一、常用无机物的化学性质

(一) 卤素的性质

1. 氯、溴、碘的置换反应

卤素单质的化学活泼性由强到弱的顺序为:$F_2 > Cl_2 > Br_2 > I_2$,Cl_2 可以把 Br_2 或 I_2 从它们的卤化物中置换出来:

$$2NaBr + Cl_2 = 2NaCl + Br_2$$
$$2KI + Cl_2 = 2KCl + I_2$$

2. 卤化银的生成

Cl^-、Br^-、I^- 与硝酸银生成颜色不同的卤化银沉淀,均不溶于稀硝酸中,但氯化银溶于氨水。

$$NaCl + AgNO_3 = NaNO_3 + AgCl \downarrow (白色)$$
$$NaBr + AgNO_3 = NaNO_3 + AgBr \downarrow (浅黄色)$$
$$KI + AgNO_3 = KNO_3 + AgI \downarrow (黄色)$$

(二) 常见金属离子的焰色反应

1. 焰色反应

很多金属或它们的化合物燃烧时都会使火焰呈现出特殊的颜色,这在化学上叫作焰色反应。常见金属(或金属离子)火焰的颜色见表3-1。

表 3-1　一些金属或金属离子火焰的颜色

金属（离子）	锂	钠	钾	铷	钙	锶	钡	铜
火焰颜色	紫红	黄	紫	紫	砖红	洋红	黄绿	绿

2．实验方法

把铂丝按图 3-1 所示装在玻璃棒上并清洗干净，灼烧到与酒精灯火焰颜色相同，然后蘸一些无机物的溶液（或固体），放在酒精灯的外焰上灼烧，观察火焰的颜色。

KCl 的焰色如果不清楚，可隔着蓝色的钴玻璃观察，如图 3-2 所示。

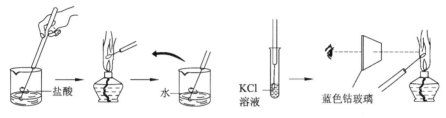

图 3-1　清洗铂丝　　　　　　图 3-2　观察焰色反应

（三）过氧化氢的性质

1．氧化性

过氧化氢在酸性或碱性溶液中都是一种强氧化剂。例如：

$$H_2O_2 + 2KI + 2HNO_3 =\!=\!= I_2 + 2H_2O + 2KNO_3$$

2．还原性

过氧化氢遇到更强的氧化剂时，也可以作为还原剂。例如：

$$2KMnO_4 + 5H_2O_2 + 3H_2SO_4 =\!=\!= 2MnSO_4 + 5O_2\uparrow + K_2SO_4 + 8H_2O$$

（四）浓硫酸的性质

浓硫酸具有强烈的吸水性、脱水性和氧化性。当浓硫酸与纸屑、棉花、木屑、蔗糖等有机物接触时，能按水的组成比脱去其中的氢、氧元素，使有机物碳化。

二、常见无机离子的鉴定反应

鉴定常见无机离子所用的化学试剂、反应现象、干扰现象等见表 3-2。

表 3-2　常见无机离子的鉴定方法

无机离子	化学试剂	主要实验现象	注明
Cl^-	硝酸银溶液、稀硝酸	生成不溶于稀硝酸的白色沉淀	CO_3^{2-} 产生的白色沉淀溶于稀硝酸
I^-	硝酸银溶液、稀硝酸	生成黄色沉淀	
	氯水、四氯化碳	四氯化碳层显紫红色	

续表

无机离子	化学试剂	主要实验现象	注明
SO_4^{2-}	氯化钡溶液、稀盐酸	生成不溶于稀盐酸的白色沉淀	SO_3^{2-}、CO_3^{2-} 产生的白色沉淀溶于稀盐酸
CO_3^{2-}	稀盐酸、澄清石灰水	产生使澄清石灰水变浑浊的气体	将产生的气体导入澄清石灰水中
Ba^{2+}	硫酸或硫酸盐溶液、稀盐酸	生成不溶于稀盐酸的白色沉淀	
Ag^+	盐酸或氯化物溶液、稀硝酸	生成不溶于稀硝酸的白色沉淀	
Fe^{3+}	硫氰化钾溶液	溶液显血红色	
	亚铁氰化钾溶液	生成蓝色沉淀	
Fe^{2+}	铁氰化钾溶液	生成蓝色沉淀	
NH_4^+	氢氧化钠溶液	产生使湿润红色石蕊试纸变蓝的无色气体	做成气室,必要时在水浴上加热
常见金属离子或金属盐	焰色反应	火焰颜色:钠呈黄色,钾呈紫色,钙呈砖红色,钡呈黄绿色	钾的焰色可隔着蓝色钴玻璃观察

三、技能训练

[训练目的]

(1) 加深对卤素主要化学性质的认识,学会常见无机离子的鉴定方法。

(2) 学会利用焰色反应实验鉴定常见金属离子。

(3) 学会准确观察和记录实验现象。

[实验用品]

仪器:试管、铂丝棒、酒精灯、玻璃棒、蓝色钴玻璃、木条、布片、点滴板、表面皿。

药品:氯水、四氯化碳、0.1 mol/L 氯化钠溶液、0.1 mol/L 溴化钠溶液、0.1 mol/L 氯化钾溶液、0.1 mol/L 碘化钾溶液、0.1 mol/L 硝酸银溶液、6 mol/L 硝酸溶液、1 mol/L 硫酸溶液、3%过氧化氢溶液、4 g/L 淀粉溶液、0.02 mol/L 高锰酸钾溶液、0.1 mol/L 硫酸钠溶液、6 mol/L 盐酸溶液、0.1 mol/L 硫酸亚铁溶液、0.1 mol/L 三氯化铁溶液、0.1 mol/L 氯化钡溶液、0.1 mol/L 氯化钙溶液、0.1 mol/L 硫氰化钾溶液、0.1 mol/L 亚铁氰化钾溶液、0.1 mol/L 铁氰化钾溶液、0.1 mol/L 氢氧化钠溶液、0.1 mol/L 氯化铵溶液、浓硫酸、饱和碳酸钠溶液、澄清石灰水。

[训练内容]

1. 卤素的性质

(1) 氯、溴、碘之间的置换反应。取 2 支试管,$1^{\#}$ 试管中加入 1 mL 0.1 mol/L 碘化钾溶液,$2^{\#}$ 试管中加入 1 mL 0.1 mol/L 溴化钠溶液,再各加入 10 滴氯水和 10 滴四氯化碳,振荡后观察并记录四氯化碳层的颜色变化。

(2) 卤化银的生成。取 3 支试管,分别加入 1 mL 0.1 mol/L 氯化钠溶液($1^{\#}$)、溴化钠溶液($2^{\#}$)、碘化钾溶液($3^{\#}$),然后各加入 0.1 mol/L 硝酸银溶液 3 滴,观察实验现象;再向 3 支试管中各加入 6 mol/L 硝酸溶液 3～5 滴,观察沉淀是否溶解。

2. 常见离子的焰色反应

按照焰色反应的实验方法,分别取氯化钾、氯化钙、氯化钡、氯化钠溶液做焰色反应实验。

3. 过氧化氢的氧化性和还原性

(1) 氧化性。在试管中依次加入 0.1 mol/L 碘化钾溶液 1 滴、1 mol/L 的硫酸溶液 2 滴、3% 过氧化氢溶液 2～3 滴,振荡,观察现象;加入 3 mL 蒸馏水,再滴入 2 滴 4 g/L 淀粉溶液,观察并记录实验现象。

(2) 还原性。在试管中加入 0.02 mol/L 高锰酸钾溶液 1 mL 和 1 mol/L 硫酸溶液 5 滴,边振荡边滴加 3% 过氧化氢溶液,至溶液颜色消失,记录实验现象。

4. 浓硫酸的脱水性

在木条、布片上分别滴几滴浓硫酸,观察并记录发生的现象。

5. 常见离子的鉴定反应

(1) NH_4^+ 的鉴定反应。取 0.1 mol/L 氯化铵溶液 3～4 滴置于表面皿中,加 0.1 mol/L 氢氧化钠溶液 2～3 滴,迅速将贴有湿润红色石蕊试纸的另一表面皿盖上,做成气室,必要时在水浴上加热,观察红色石蕊试纸的变色情况。

(2) Fe^{3+} 的鉴定反应。

① 在试管中加入 0.1 mol/L 三氯化铁溶液 1 mL,再滴加 0.1 mol/L 硫氰化钾溶液 2 滴,振摇试管,观察并记录实验现象。

② 在试管中加入 0.1 mol/L 三氯化铁溶液 1 mL,再滴加 0.1 mol/L 亚铁氰化钾溶液 1～2 滴,振摇试管,观察并记录实验现象。

(3) Fe^{2+} 的鉴定反应。在试管中加入 0.1 mol/L 硫酸亚铁溶液 1 mL,再滴加 0.1 mol/L 铁氰化钾溶液 1～2 滴,振摇试管,观察并记录实验现象。

(4) Ag^+ 的鉴定反应。在试管中加入 0.1 mol/L 硝酸银溶液 1 mL,然后滴加 10 滴 0.1 mol/L 氯化钠溶液,振摇试管,观察并记录实验现象。再向试管中加入 5 滴 6 mol/L 硝酸溶液,振摇试管,观察沉淀是否溶解。

(5) Ba^{2+} 的鉴定反应。在试管中加入 0.1 mol/L 氯化钡溶液 0.5 mL,然后滴加 2 滴 0.1 mol/L 硫酸钠溶液,振摇试管,观察并记录实验现象。再向试管中加入 10 滴 6 mol/L 盐酸溶液,振摇试管,观察沉淀是否溶解。

(6) Cl^- 的鉴定反应。在试管中加入 0.1 mol/L 氯化钠溶液 0.5 mL,然后滴加 2~3 滴 0.1 mol/L 硝酸银溶液,振摇试管,观察并记录实验现象。再向试管中加入 5 滴 6 mol/L 硝酸溶液,振摇试管,观察沉淀是否溶解。

(7) I^- 的鉴定反应。在试管中加入 0.1 mol/L 碘化钾溶液 0.5 mL,然后滴加 2~3 滴 0.1 mol/L 硝酸银溶液,振摇试管,观察并记录实验现象。再向试管中加入 5 滴 6 mol/L 硝酸溶液,振摇试管,观察沉淀是否溶解。

(8) CO_3^{2-} 的鉴定反应。在试管中加入饱和碳酸钠溶液 1 mL,然后滴加 4~5 滴 6 mol/L 盐酸溶液,将产生的气体通入澄清石灰水中,观察并记录实验现象。

(9) SO_4^{2-} 的鉴定反应。在试管中加入 0.1 mol/L 硫酸钠溶液 0.5 mL,然后滴加 2 滴 0.1 mol/L 氯化钡溶液,振摇试管,观察并记录实验现象。再向试管中加入 10 滴 6 mol/L 盐酸溶液,振摇试管,观察沉淀是否溶解。

[问题与讨论]

(1) 鉴定反应具有哪些外部特征?

(2) 有一种黄色溶液,你如何确定是不是三氯化铁溶液?

(3) 如果可溶于水的试样已经鉴定出有 Ag^+,试样中不可能有的阴离子是 Cl^-、Br^-、I^-、NO_3^- 中的哪一个(些)?

(4) 有三瓶无色溶液分别是氯化钠溶液、溴化钠溶液、碘化钾溶液,你如何用化学方法将它们鉴别开来?

第二节 实验习题:药用氯化钠的质量检查

[实验目的]

(1) 了解《中国药典》对药用氯化钠的鉴别、检查方法。

(2) 学会运用无机离子的鉴定反应进行无机物的鉴别和检查。

(3) 学习以行业标准规范职业行为。

[实验内容]

对第二章第三节中制得的药用氯化钠进行相关操作:① 鉴别;② 溶液的澄清度、酸碱度、碘化物与溴化物、钡盐、钙盐和镁盐、铁盐的杂质限度检查。

[实验提示]

(1)《中国药典》规定:氯化钠溶液显钠盐和氯化物的鉴别反应。

① 钠盐的鉴别反应：取铂丝，用盐酸润湿后，蘸取氯化钠，在无色火焰中灼烧，火焰即显鲜黄色。

② 氯化物的鉴别反应：取少许氯化钠溶解，加 0.1 mol/L 硝酸溶液，再加 0.1 mol/L 硝酸银试液，即生成白色沉淀；分离，沉淀加氨试剂即溶解，再加硝酸溶液，沉淀复生成。

(2)《中国药典》中氯化钠要求的检测项目有 13 项。主要项目具体标准如下：

① 溶液的澄清度：取本品 5.0 g，加水至 25 mL 溶解后，溶液应澄清。

② 酸碱度：取本品 5.0 g，加 50 mL 蒸馏水溶解后，加溴麝香草酚蓝指示剂 2 滴，如显黄色，加 0.02 mol/L 氢氧化钠溶液 0.10 mL，应变为蓝色；如显蓝色或绿色，加 0.02 mol/L 盐酸溶液 0.2 mL，应变为黄色。

③ 碘化物与溴化物：取本品 2 g，用 6 mL 蒸馏水溶解后，加氯仿 1 mL，并加用等量蒸馏水稀释的氯水试液，随滴随振摇，氯仿层不得显紫红色、黄色或橙色。

④ 钡盐：取本品 4 g，用 20 mL 蒸馏水溶解后，过滤，滤液分为 2 等份，一份加稀硫酸 2 mL，一份加蒸馏水 2 mL，静置 15 min，两液应同样透明。

⑤ 钾盐：取本品 5.0 g，用 20 mL 蒸馏水溶解后，加稀醋酸 2 滴，加四苯硼钠溶液 2 mL，加水至 50 mL。如显浑浊，与标准硫酸钾溶液 12.3 mL 用同一方法制成的对照液比较，不得更浓（0.02%）。

⑥ 钙盐和镁盐：取本品 4 g，加水 20 mL 溶解后，加氨试剂 2 mL，摇匀，分为 2 等份，一份加 1 mL 0.1 mol/L 草酸铵试剂，另一份加 1 mL 0.1 mol/L 磷酸氢二钠试液，5 min 均不得发生浑浊。

⑦ 铁盐：取本品 5 g 置于 50 mL 奈氏比色管中，加蒸馏水 35 mL 和 0.1 mol/L 盐酸溶液 5 mL，加新配 0.1 mol/L 过硫酸铵溶液几滴，再加 0.1 mol/L 硫氰化铵溶液 5 mL，加适量蒸馏水至 50 mL，摇匀。如显色，与标准铁盐溶液 1.5 mL 用同法处理后制得的标准管颜色比较，不得更深（0.0003%）。

其他鉴别和检查项目的标准及检查方法在后续课程中我们将详细学习。

[实验设计要求]

(1) 写出实验步骤。

(2) 列出实验所需仪器、药品。

(3) 记录实验现象，推出结论。

第四章

溶液相关实验技术

第一节 溶液的配制和稀释

一、溶液的配制方法

化学实验中配制的溶液包括一般溶液和标准溶液。

（一）一般溶液的配制

一般溶液是基础化学实验中最常用的溶液，在配制时试剂的质量由托盘天平称量，体积用量筒或量杯量取。配制该类溶液的关键是正确计算应该称量溶质的质量和量取的液体的体积。一般溶液的配制常用三种方法：

1. 直接水溶法

该法配制溶液的过程如图 4-1 所示，适用于易溶于水而又不发生水解的固体溶质（如 $NaCl$、$NaOH$、Na_2CO_3 等）溶液的配制。配好的溶液不宜长期存放在量筒（杯）中，须转移到试剂瓶中。

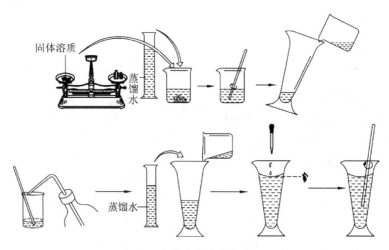

图 4-1 水溶法配制溶液的过程

2. 介质水溶法

对易水解的固体试剂(如 $SnCl_2$、$FeCl_3$ 等),在配制其溶液时,必须先溶解在适量一定浓度的酸溶液(或碱溶液)中抑制水解,再用蒸馏水稀释到所需体积。对易氧化的盐(如 $FeSO_4$、$SnCl_2$ 等),还应该在溶液中加入相应的纯金属以防氧化。

水中溶解度较小的固体试剂可先溶解在适当的溶剂中再稀释。例如,I_2(固体)可先用 KI 水溶液溶解,再用水稀释。

3. 稀释法

溶液稀释过程如图 4-2 所示,适用于由酒精、盐酸、氨水等液态试剂配制其稀溶液。在用浓硫酸配制稀硫酸溶液时,必须在不断搅拌的情况下缓慢地将浓硫酸倒入水中,切不可将水倒入浓硫酸中。

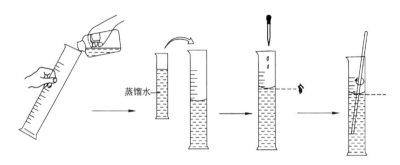

图 4-2 稀释法配制溶液的过程

(二)标准溶液的配制

标准溶液是已知准确浓度的溶液,主要用于分析实验中。配制时必须使用准确度高的分析天平、移液(吸量)管、滴定管、容量瓶等仪器。标准溶液的配制有三种方法。

1. 直接法

除了必须使用纯度高、组成性质稳定的基准物作溶质和准确度高的仪器外,配制过程与一般溶液相同。

2. 标定法

不符合直接法配制条件的物质,可先配成近似于所需浓度的溶液,然后用基准试剂或已知准确浓度的标准溶液来标定。

3. 稀释法

当需要通过稀释配制标准溶液的稀溶液时,可用移液管或吸量管准确吸取其浓溶液至适当的容量瓶中,用蒸馏水稀释至刻度,摇匀。

(三)缓冲溶液的配制

缓冲溶液是具有抵抗外来少量酸、碱和适量稀释的作用,保持溶液 pH 稳定的特殊溶液,一般是由弱酸及其强碱盐、弱碱及其强酸盐、多元弱酸的酸式盐及其次级盐组成。由相同浓度的弱酸及其盐配制缓冲溶液时,溶液 pH 的计算公式为:$pH = pK_a + \lg(V_{盐}/V_{酸})$。

根据需要的缓冲溶液的 pH 和缓冲对的 pK_a,可以计算出所需 $V_{盐}/V_{酸}$。选择不同的 $V_{盐}/V_{酸}$,可以配出具有不同 pH 的缓冲溶液。

二、容量瓶的使用

容量瓶是用于准确配制一定体积、一定浓度溶液的量器,颈上有标线,表示在所指温度(一般为 20 ℃)下,当液体充满至标线时,其体积与瓶上所注明的容量相等。常用容量瓶的规格有 25 mL、50 mL、100 mL、250 mL 等。

容量瓶的使用方法如下:

1. 检漏

加自来水到标线附近,塞紧瓶塞,用左手食指按着瓶塞,其余手指拿住瓶颈标线以上部分,用右手指尖托着瓶底边缘(图 4-3),将瓶倒立 2 min,检查是否漏水。如不漏水,将瓶直立,旋转瓶塞 180°,塞紧,再倒立,仍不漏水则可使用。

2. 洗涤

分别用洗液、自来水、蒸馏水将容量瓶洗涤干净(用铬酸洗)。

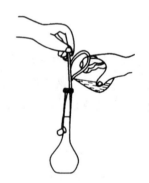

图 4-3　容量瓶的拿法

3. 转移

用固体溶质配制溶液时,应先将称好的固体试剂用少量蒸馏水(或其他溶剂)溶于烧杯中,放至室温后,再通过玻璃棒把溶液全部引流至容量瓶中,注意烧杯嘴应紧靠玻璃棒,玻璃棒的下端应靠在容量瓶颈内壁上,如图 4-4 所示。再用蒸馏水洗涤烧杯和玻璃棒 2~3 次,洗液也一并转移至容量瓶中。

稀释浓溶液时,直接用移液管吸取一定体积的浓溶液于容量瓶中。

图 4-4　溶液的转移

4. 定容

加蒸馏水至容量瓶容积 3/4 时,将瓶摇动几周做初步混匀。继续加水至液面接近标线时,改用滴管滴加,最后使液体的凹液面下缘与标线恰好相切。

5. 混匀

塞紧瓶塞,将容量瓶倒置,使气泡上升到顶端,振荡容量瓶(图 4-5),重复多次,使瓶中溶液混合均匀。

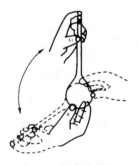

图 4-5　振荡容量瓶

三、技能训练

[训练目的]

(1) 熟悉有关溶液浓度的计算方法。

(2) 掌握几种常用的配制溶液的方法。

(3) 熟悉托盘天平、量筒、移液管、容量瓶的使用方法。

(4) 掌握缓冲溶液的配制方法。

[实验用品]

仪器：托盘天平、称量纸、药匙、烧杯、锥形瓶、玻璃棒、量筒或量杯、胶头滴管、容量瓶(50 mL)、移液管(25 mL)。

药品：氯化钠、药用酒精、$FeSO_4 \cdot 7H_2O$、3 mol/L 硫酸溶液、醋酸标准溶液(0.200 0 mol/L)、0.06 mol/L 磷酸二氢钠溶液、0.06 mol/L 磷酸氢二钠溶液、0.1 mol/L 醋酸钠溶液、蒸馏水。

[训练内容]

(1) 配制 50 mL 生理盐水（ρ_B＝9 g/L 的 NaCl 溶液）。

① 计算需要溶质 NaCl 的质量。

② 用直接水溶法配制 50 mL 生理盐水。

③ 配好的溶液倒入指定回收瓶中。

(2) 由药用酒精（φ_B＝0.95）配制消毒酒精（φ_B＝0.75）50 mL。

① 计算所需药用酒精的体积。

② 用稀释法配制 50 mL 消毒酒精。

③ 配好的溶液倒入指定回收瓶中。

(3) 配制 50 mL 0.2 mol/L 硫酸亚铁溶液。

① 计算并用托盘天平称取所需溶质 $FeSO_4 \cdot 7H_2O$ 的质量。

② 将称得的 $FeSO_4 \cdot 7H_2O$ 固体于小烧杯中加 6 mL 3 mol/L 硫酸溶液溶解。

③ 后面的操作与直接水溶法相同。

(4) 由醋酸标准溶液(0.200 0 mol/L)配制 0.100 0 mol/L 醋酸溶液。

① 用移液管准确吸取 25.00 mL 醋酸标准溶液(0.200 0 mol/L)，移入 50 mL 容量瓶中。

② 加蒸馏水至液面接近刻度线时，改用胶头滴管滴加蒸馏水到容量瓶标线，摇匀。

③ 配好的溶液留待下一步配制醋酸-醋酸钠缓冲溶液。

(5) 配制醋酸-醋酸钠缓冲溶液及磷酸二氢钠-磷酸氢二钠缓冲溶液。

① 取两只洁净的 50 mL 锥形瓶，编号 1#、2#。1# 锥形瓶中加入 0.1 mol/L 醋酸

溶液[(4)中配得]和 0.1 mol/L 醋酸钠溶液各 10 mL；2# 锥形瓶中加入 0.06 mol/L 磷酸二氢钠溶液和 0.06 mol/L 磷酸氢二钠溶液各 10 mL。

② 摇匀即配成醋酸-醋酸钠缓冲溶液及磷酸二氢钠-磷酸氢二钠缓冲溶液。

③ 配好的缓冲溶液倒入指定回收瓶中留待下次实验用。

[问题与讨论]

(1) 用容量瓶配制溶液时,容量瓶是否需要烘干？要不要用被稀释溶液洗涤？为什么？

(2) 用容量瓶配制标准溶液时,是否可以用量筒量取浓溶液？为什么？

(3) 能否在量筒、容量瓶中直接溶解固体试剂？为什么？

第二节 溶液 pH 的测定

一、溶液 pH 的测定方法

(一) 溶液的酸碱性与 pH

酸碱性是溶液非常重要的性质。在实验中使用溶液时,常常需要考虑溶液的酸碱性及其强弱。溶液的酸碱性常用 pH 表示。

溶液中氢离子浓度的负对数称为溶液的 pH,即 $pH = -\lg[H^+]$。常温下,溶液的酸碱性与 pH 的关系为：

```
pH       1 —————— 7 —————— 14
酸碱性    ← 酸性  中性  碱性 →
          酸性增强      碱性增强
```

(二) 溶液 pH 的测定

在实验室和生产实际中,需要根据具体要求选用适当的 pH 的测定方法。

1. 用酸碱指示剂粗略测定溶液 pH 的范围

酸碱指示剂都有一定的变色范围及其对应的颜色变化,根据酸碱指示剂呈现的颜色可以判断溶液的酸碱性并推测其 pH 范围。

2. 用 pH 试纸测定溶液的近似 pH

实验室常用 pH 在 1~14 之间的广泛 pH 试纸。当溶液接触 pH 试纸时,将其所显的颜色与标准比色卡比较,即可测出溶液的近似 pH。

3. 用 pH 计精确测定溶液的 pH

pH 计又称酸度计,可以将溶液 pH 精确地测准到小数点后 2 位。

二、pH 计的使用方法

实验室常用的 pHS-3C 精密 pH 计如图 4-6 所示,其使用方法如下：

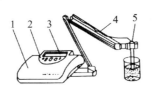

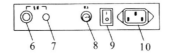

1. 机箱 2. 键盘 3. 显示屏 4. 多功能电极架 5. 电极 6. 测量电极插座
7. 参比电极接口 8. 保险丝 9. 电源开关 10. 电源插座

图 4-6 pHS-3C 精密 pH 计

1．开机前准备

(1) 旋入电极梗插座，调节电极夹到适当位置。

(2) 夹在电极夹上，拔下电极前端的电极保护套。

(3) 用水清洗电极，清洗后用滤纸吸干。

2．开机

(1) 将电源插头插入电源插座。

(2) 按下电源开关，电源接通后，预热 30 min。

3．标定

仪器使用前，先要标定。一般来说，仪器在连续使用时，每天要标定一次。

(1) 在测量电极插座处拔去短路插头，插上复合电极。

(2) 把选择开关旋钮调到 pH 挡。

(3) 调节温度补偿旋钮，使旋钮白线对准溶液温度值；把斜率调节旋钮顺时针旋到底（调到 100% 位置）。

(4) 把清洗过的电极插入 pH=6.86 的缓冲溶液中，调节定位调节旋钮，使仪器显示读数与该缓冲溶液当时温度下的 pH 一致（如 pH=6.86）。

(5) 用蒸馏水清洗电极，用滤纸吸干，再插入 pH=4.00（或 pH=9.18）的标准溶液中，调节斜率旋钮使仪器显示读数与该缓冲溶液中当时温度下的 pH 一致。

(6) 重复步骤(4)和(5)，直至不用再调节定位或斜率调节旋钮。

(7) 仪器完成标定。

4．测量 pH

经标定过的仪器即可用来测定待测溶液。待测溶液与标定溶液温度相同与否，测量步骤也有所不同。

(1) 待测溶液与定位溶液温度相同时，测量步骤为：用蒸馏水清洗电极头部→用待测溶液清洗电极头部→将电极浸入待测溶液→用玻璃棒搅拌溶液至均匀→从显示屏上读出溶液的pH。

（2）待测溶液与定位溶液温度不相同时，测量步骤为：用蒸馏水清洗电极头部→用待测溶液清洗电极头部→用温度计测出待测溶液的温度值→调节温度补偿旋钮，使白线对准待测溶液的温度值→把电极插入待测溶液→用玻璃棒搅拌溶液→读出该溶液的pH。

三、技能训练

［训练目的］

（1）学会使用酸碱指示剂、pH试纸测定溶液酸碱性的方法。

（2）掌握pH计的使用方法。

（3）验证盐溶液的酸碱性和缓冲溶液的缓冲作用。

［实验用品］

仪器：试管、试管架、白色点滴板、50 mL烧杯、50 mL锥形瓶、pH计。

药品：酚酞试液、石蕊试液、甲基橙试液、溴麝香草酚蓝试液、甲基红试液、蒸馏水、待测溶液（pH＝5～6）、醋酸-醋酸钠缓冲溶液、NaH_2PO_4 - Na_2HPO_4缓冲溶液，$0.1\ mol\cdot L^{-1}$下列溶液：氢氧化钠、盐酸、醋酸、氨水、碳酸钠、氯化钠、氯化铵溶液。

其他：广泛pH试纸。

［训练内容］

1. 溶液的酸碱性

（1）常用指示剂在酸、碱溶液中的颜色变化。

① 取2支试管，各加入1 mL蒸馏水和1滴甲基橙试液，观察颜色。然后在1#试管中加入2滴0.1 mol/L盐酸溶液，2#试管中加入2滴0.1 mol/L氢氧化钠溶液，振荡，观察并记录颜色的变化。

② 取2支试管，各加入1 mL蒸馏水和1滴酚酞试液，观察颜色。然后在1#试管中加入2滴0.1 mol/L盐酸溶液，2#试管中加入2滴0.1 mol/L氢氧化钠溶液，振荡，观察并记录颜色的变化。

③ 取3支试管，各加入1 mL蒸馏水和1滴石蕊试液，观察颜色。然后在1#试管中加入2滴0.1 mol/L盐酸溶液，2#试管中加入2滴0.1 mol/L氢氧化钠溶液，振荡，将1#、2#试管与3#试管比较，观察并记录颜色的变化。

（2）用酸碱指示剂粗略估计溶液的pH。

① 取1支试管，加入1 mL蒸馏水和1滴石蕊试液，观察溶液颜色并推测蒸馏水的pH范围。

② 取2支试管，各加入1 mL待测溶液，然后在1#试管中加入1滴甲基橙试液，

$2^{\#}$试管中加入1滴酚酞试液,观察溶液颜色,推测待测溶液的pH范围。

③ 取2只50 mL锥形瓶,各加入10 mL蒸馏水,在$1^{\#}$锥形瓶中加入2滴甲基红试液,$2^{\#}$锥形瓶中加入5滴溴麝香草酚蓝试液,观察溶液颜色的变化,推测蒸馏水的pH范围。

(3) 用pH试纸测定溶液的近似pH。

① 在白色点滴板的5个凹穴内各放入1小片广泛pH试纸,再分别滴入1滴0.1 mol/L的盐酸、醋酸、氢氧化钠、氨水溶液和蒸馏水,测定每一种溶液的pH并记录。

② 在白色点滴板的3个凹穴内各放入1小片广泛pH试纸,再分别滴入1滴0.1 mol/L的碳酸钠、氯化钠、氯化铵溶液,测定并记录每一种溶液的pH,指出溶液的酸碱性并解释原因。

(4) 用pH计精确测定溶液的pH。

取2个50 mL小烧杯,编号为$1^{\#}$、$2^{\#}$,$1^{\#}$中装入适量醋酸-醋酸钠缓冲溶液,$2^{\#}$中装入适量NaH_2PO_4-Na_2HPO_4缓冲溶液,用pH计分别测定两种缓冲溶液的pH。

2. 缓冲溶液缓冲作用的验证

取试管8支,编号为1~8号,按表4-1要求加入有关试剂进行实验,分别测定各试管在加酸、加碱或加水前后的pH,填入表中。注意:加入酸、碱或水时,必须充分混合均匀后再测定pH。根据实验结果分析缓冲溶液的性质。

表4-1 缓冲溶液缓冲作用的验证

试管号	实验操作				
	加入试剂Ⅰ	测pH	加入试剂Ⅱ	测pH	pH变化值
1	蒸馏水 2 mL		1滴 0.1 mol/L 盐酸溶液		
2	蒸馏水 2 mL		1滴 0.1 mol/L 氢氧化钠溶液		
3	$1^{\#}$缓冲溶液 2 mL		1滴 0.1 mol/L 盐酸溶液		
4	$1^{\#}$缓冲溶液 2 mL		1滴 0.1 mol/L 氢氧化钠溶液		
5	$1^{\#}$缓冲溶液 2 mL		2 mL 蒸馏水		
6	$2^{\#}$缓冲溶液 2 mL		1滴 0.1 mol/L 盐酸溶液		
7	$2^{\#}$缓冲溶液 2 mL		1滴 0.1 mol/L 氢氧化钠溶液		
8	$2^{\#}$缓冲溶液 2 mL		2 mL 蒸馏水		

结论:缓冲溶液具有_____、_____和_____作用。

[问题与讨论]

(1) 使甲基橙呈红色的溶液是酸性溶液。那么,使其呈橙色的溶液是中性溶液吗?使其呈黄色的溶液一定是碱性的吗?

(2) 测定溶液 pH 的方法有哪些?各适合在什么要求下使用?

(3) 缓冲溶液的缓冲作用包括哪些?

(4) 在生产和实验中,常用红色石蕊试纸和蓝色石蕊试纸检测物质的酸碱性。你认为,检测酸性物质用哪种石蕊试纸?检测碱性物质用哪种石蕊试纸?

第三节　实验习题:生理盐水的配制

[实验目的]

(1) 掌握使用符合标准的溶剂配制溶液的基本技能。

(2) 培养学生综合运用化学实验基本操作进行实验的能力。

(3) 提高分析问题、解决问题的能力,以及独立进行实验的能力。

[实验内容]

(1) 检查实验所用纯化水的性状、酸碱度、氯化物、硫酸盐、钙盐和易氧化物是否达到《中国药典》规定的纯化水标准。

(2) 用符合标准的纯化水配制 30 mL 生理盐水($\rho_B=9$ g/L 的 NaCl 溶液)。

[实验提示]

(1)《中国药典》中对制药用纯化水要求的检测项目有:酸碱度、氯化物、硫酸盐、钙盐、硝酸盐、亚硝酸盐、氨、总有机碳、易氧化物、不挥发物、重金属,共 11 项。具体标准如下:

性状:本品为无色的澄清液体,无臭,无味。

检查:

酸碱度:取本品 10 mL,加甲基红指示液 2 滴,不得显红色;另取 10 mL,加溴麝香草酚蓝指示剂 5 滴,不得显蓝色。

氯化物、硫酸盐与钙盐:取本品,分置三只 50 mL 锥形瓶中,每只中各 50 mL。第一只锥形瓶中加硝酸 5 滴与硝酸银试液 1 mL,第二只锥形瓶中加氯化钡试液 2 mL,第三只锥形瓶中加草酸铵试液 2 mL,均不得发生浑浊。

易氧化物:取本品 100 mL,加稀硫酸 10 mL,煮沸后加高锰酸钾滴定液 (0.02 mol/L)0.10 mL,再煮沸 10 min,粉红色不得完全消失。

其他成分的标准及检查方法在后续课程中我们将详细学习。

(2) 溶液配制过程的规范操作请参阅第四章第一节。

[实验设计要求]

(1) 写出实验步骤。

(2) 列出实验所需仪器、药品。

(3) 记录实验现象,推出结论。

第五章

有机化合物分离、纯化技术

由于有机化学反应的复杂性,我们接触到的有机化合物很多都是混合物或含有其他化学成分,即杂质。因此,分离、纯化有机化合物是一项化学实验基本技能。分离、纯化有机物的方法很多,有经常使用的蒸馏法、重结晶法、萃取法和升华法,有近代发展起来的色谱法、电泳法,以及近年来普遍使用的气相色谱法和高效液相色谱法等。本课程主要学习和训练常见的分离、纯化方法:萃取法、重结晶法、蒸馏法。

第一节 萃取操作

一、萃取原理简介

萃取又称提取、抽提,是化学实验中分离或纯化有机物的常用操作之一。习惯上分离混合物的操作叫作萃取,纯化化合物即用溶剂洗去有机物中少量杂质的操作叫作洗涤,洗涤实际上也是一种萃取。

应用萃取可以从固体或液体混合物中提取所需的物质。其原理是利用待萃取物在互不相溶的溶剂里的溶解度不同,使其从一种溶剂转移到另一种选定的溶剂(萃取剂)中。经过反复多次萃取,把绝大部分所需化合物提取出来。

萃取剂的选择必须满足:① 与原溶剂互不相溶;② 溶质在萃取剂中的溶解度较大;③ 溶质与萃取剂不发生反应;④ 与被萃取的物质容易分离。

在实验室中,萃取在分液漏斗中按"少量多次"原则进行。

二、分液漏斗的使用

(1) 分液漏斗如图 5-1 所示。使用分液漏斗分离液体时,下层液体由活塞口放出;上层液体从漏斗上口倒出,切不可从活塞口放出。

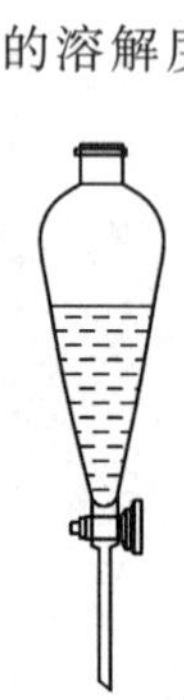

(2) 使用前必须对分液漏斗进行防渗漏处理。检查玻璃塞和活塞芯与分液漏斗配套后,取出活塞芯并擦干,在中间小孔两侧薄

图 5-1 分液漏斗

薄地涂上一层凡士林（切勿堵住小孔），再塞回活塞中，旋转数圈使凡士林均匀分布。将活塞关闭并在活塞芯的凹槽处套上一直径合适的橡皮圈。处理好的分液漏斗在活塞关闭状态下不能漏水，在开启状态下水流顺畅。

（3）分液漏斗的振摇方法：如图5-2所示，用一手食指末节顶住玻璃塞，再用大拇指和中指夹住漏斗上口径，另一手食指和中指蜷握在活塞柄上，握住活塞柄并能自由地旋转（亦可将中指垫在塞座下边），将漏斗由外向里或由里向外剧烈振摇。振摇时将漏斗稍倾斜，漏斗的活塞部分向上，以便排放气体。

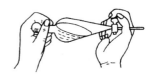

图 5-2　分液漏斗的振摇方法

三、萃取方法

（1）准备仪器。

（2）组装萃取装置。如图5-3所示，组装顺序：铁架台→锥形瓶→铁圈→分液漏斗。

（3）萃取操作。

① 检漏：检验分液漏斗活塞和上口的玻璃塞是否漏液。

② 装液：将待萃取溶液与萃取剂分别装入分液漏斗，并盖好玻璃塞（玻璃塞的凹槽与漏斗颈小孔相背，下口活塞关闭）。

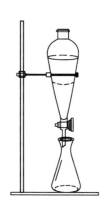

图 5-3　分液装置

③ 振荡：倒转漏斗用力振荡，每振摇4～6次后，将漏斗向上倾斜朝无人处旋开活塞放气，最后关闭活塞。重复振摇、放气2～3 min，然后把分液漏斗放正。

④ 静置：把分液漏斗放在铁架台的铁圈中，将漏斗上口的玻璃塞打开（或使玻璃塞上的凹槽或小孔对准漏斗口上的小孔）。静置，直至两液相分层明显，界面清晰。

⑤ 分液：两液相完全分开后，旋开下口活塞，用锥形瓶接收下层溶液。注意下层液体接近放完时，慢慢旋转活塞以减慢放液速度，使液体逐滴流下。分离完毕，立刻关闭下口活塞，再静置片刻，观察分离是否完全。

⑥ 检测：用滴管吸取上层液体适量放置于试管中，检测待萃取物是否萃取完全。如果没有萃取完全，则需再加入萃取剂进行第二（或第三）次萃取，直至待萃取物完全分离。最后将上层液体由漏斗上口倒出。

（4）拆卸装置。拆卸顺序：分液漏斗→锥形瓶→铁圈→铁架台。

四、技能训练

[训练目的]

（1）熟悉萃取原理。

（2）学会正确使用分液漏斗。

(3) 学会用萃取法分离、提纯物质。

[实验用品]

仪器：分液漏斗、铁架台、铁圈、量筒、锥形瓶。

药品：碘水、四氯化碳、淀粉溶液。

[训练内容]

(1) 按照萃取操作方法，用四氯化碳萃取 10 mL 碘水中的碘，四氯化碳每次用量为 4 mL。

(2) 用淀粉溶液检测碘。检测方法：用滴管吸取适量上层液体放置于试管中，加 1~2 滴淀粉溶液，如显蓝色，说明还没有萃取完全，需再次萃取；如不显蓝色，说明萃取完全。

[问题与讨论]

(1) 萃取的原理是什么？

(2) 在实验室中进行萃取按什么原则进行？

(3) 萃取剂的选择应满足哪些条件？

(4) 从碘水中提取碘时，能不能用酒精代替四氯化碳？为什么？

第二节 固液分离操作

固液分离，即溶液与结晶(沉淀)的分离或悬浮于液体中的固体颗粒的分离。在化学实验中，通过固液分离把不溶性杂质或沉淀从溶液中分离出来，达到除去杂质、提纯物质或分离物质的目的。

一、固液分离方法

实验室常用于固液分离的方法有倾注法、过滤法和离心分离法三种。

(一) 倾注法

倾注法是通过将沉淀上部的溶液倾入另一容器而使沉淀与溶液分离的方法，适用于沉淀相对密度或结晶颗粒较大，静止后能很快沉降至容器底部的结晶(沉淀)的分离和洗涤。其操作方法为：待沉淀沉降完全后，将沉淀上部的清液沿玻璃棒缓慢倾入另一容器，沉淀留在烧杯中，如图 5-4 所示。需要洗涤沉淀时，往沉淀中加入少量蒸馏水或洗涤液，用玻璃棒充分搅拌、沉降后，再用倾注法分离。重复操作 2~3 次。

图 5-4 倾注法分离

（二）过滤法

过滤法是最常用的固液分离方法。从操作的形式上看，过滤法分为常压过滤、加热过滤和减压过滤。

1. 常压过滤

常压过滤即普通过滤，在第二章中已经学习和使用过，在此不再重复。

2. 加热过滤

加热过滤又称热过滤，是将欲过滤的溶液加热后趁热进行的过滤。当需要除去热、浓溶液中的不溶性杂质，而过滤过程又不能析出溶质的时候，就采用热过滤法。

(1) 热过滤装置如图 5-5 所示。与普通过滤比较，其有两个不同之处：

① 热过滤常用菊花形滤纸（或称皱纹滤纸），该种滤纸有较大的过滤面积，因而过滤速度比较快。菊花形滤纸由普通滤纸折叠

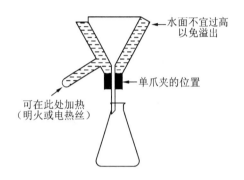

图 5-5　热过滤装置

而成，折叠方法见图 5-6。在实际工作中，为了加快过滤速度，普通过滤也常使用菊花形滤纸。

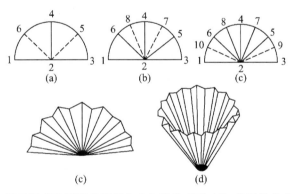

从(a)折到(c)，将已折成半圆形的滤纸分成 8 等份，再如(d)，将每份的中线处来回对折
（注意折痕不要集中在顶端的一个点上）

图 5-6　菊花形滤纸的折叠方法

② 使用保温漏斗，以防止过滤中因溶液温度下降而析出晶体。

(2) 热过滤操作方法与普通过滤相似，但在过滤前必须加热保温漏斗，使玻璃漏斗的温度接近滤液的温度。

3. 减压过滤

减压过滤又称抽滤或吸滤，通过使用减压系统对抽滤瓶进行吸气减压，促使滤液

和晶体更快地分离。减压过滤速度快,沉淀抽得较干燥,适用于大量溶液与沉淀的分离,但不宜过滤颗粒太小的沉淀或胶体沉淀。

(1) 减压过滤装置:由布氏漏斗、抽滤瓶、安全瓶(图 5-7)和减压系统(图 5-8)组成。瓷质的布氏漏斗底部有许多小孔,使用时需衬上滤纸。抽滤瓶用于承接滤液。抽滤瓶与减压系统之间安装安全瓶,防止因关闭泵后流速改变引起自来水倒吸入抽滤瓶玷污滤液。减压系统一般为水泵或油泵,通过将空气抽走使抽滤瓶形成负压,在布氏漏斗与抽滤瓶之间产生压力差,使滤液快速通过。

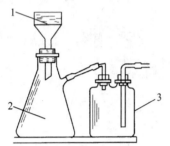

1. 布氏漏斗;2. 抽滤瓶;3. 安全瓶

图 5-7 减压过滤装置

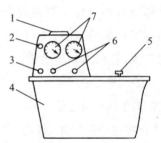

1. 电动机;2. 指示灯;3. 电源开关;4. 水箱;
5. 水箱盖;6. 抽气管接口;7. 真空表

图 5-8 循环水泵

(2) 减压过滤操作方法:

① 组装减压过滤装置:抽滤瓶→布氏漏斗[注1]→滤纸[注2]→抽滤瓶与安全瓶对接→安全瓶与减压系统对接[注3]。

注1:布氏漏斗以橡皮塞固定在抽滤瓶上,其下端的缺口对着抽滤瓶的侧管,橡皮塞塞入抽滤瓶的部分一般不超过塞高的 1/2。

注2:滤纸剪成略小于漏斗内径但又能覆盖漏斗全部瓷孔的圆形,用溶剂润湿滤纸。

注3:使用前,稍稍打开水泵(或电泵),使滤纸吸紧在漏斗底部。

② 使用抽滤装置:检查气密性[注4]→将待分离物倒入漏斗[注5]→打开减压系统→抽滤→洗涤晶体[注6]→抽滤[注7]→关闭水泵(或电泵)。

注4:要求各部位对接紧密。

注5:先倒入待过滤液,后倒入晶体(沉淀)。溶液加入量不能超过漏斗总容量的 2/3,抽滤瓶中溶液要在其支管之下。

注6:暂停抽滤,加入适量的溶剂(浸没晶体),用玻璃棒轻轻搅匀。洗涤 1~2 次即可。

注7:用干净的玻璃棒在晶体上轻压,使母液尽量抽干。

③ 拆卸抽滤装置:抽滤瓶与安全瓶分离→安全瓶与减压系统分离→布氏漏斗与

抽滤瓶分离→回收产品[注8]。

注8：用手指或玻璃棒轻轻揭起滤纸的边缘，取出滤纸和晶体于表面皿干燥。滤液从抽滤瓶上口倒出。

（三）离心分离法

离心分离法利用离心机的离心作用，促使沉淀向离心试管的底部移动而积集于底部，上层得到清液，适用于溶液和沉淀量很少（如试管反应）的沉淀的分离。

离心机的结构如图 5-9（a）所示。使用离心机时，将装有待分离沉淀和溶液的离心试管放入离心机的套管中，并尽可能地放在离心机内对称的位置上，以保证离心机旋转时平衡稳定。如果只有一份单独的试样，则要在对称的位置上放入装有等量蒸馏水的离心试管。离心机开机要逐级加速，旋转 1~2 min 即可，关机则逐级减速至关闭，任其自然停止。离心沉降后，左手斜持离心试管，右手将吸管插入离心试管，末端恰好进入液面，吸出清液，如图 5-9（b）所示。如果沉淀需要洗涤，加入适量蒸馏水或洗涤液，用玻璃棒搅拌后，重复离心分离。

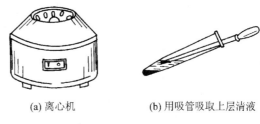

(a) 离心机　　　　(b) 用吸管吸取上层清液

图 5-9　离心分离

二、技能训练

[训练目的]

(1) 能够正确安装和使用热过滤、减压过滤装置。

(2) 学会应用热过滤法和减压过滤法分离液体与固体混合物。

(3) 掌握离心分离的方法。

[实验用品]

仪器：托盘天平、烧杯、量筒、玻璃棒、洗瓶、短颈漏斗（放入烘箱于 80 ℃ 预热）、保温漏斗、布氏漏斗、抽滤瓶、安全瓶、水泵、离心管、离心机、滴管、酒精灯、表面皿。

药品：苯甲酸（粗品）、蒸馏水、0.1 mol/L 氯化钡溶液、饱和草酸铵溶液、0.1 mol/L 硝酸银溶液、6 mol/L 盐酸溶液。

其他：滤纸。

[训练内容]

(1) 组装热过滤和减压过滤装置。

(2) 过滤溶液的准备：称取 3 g 粗苯甲酸于烧杯中，加入 80 mL 蒸馏水并盖上表面皿，在石棉网上加热至沸腾，用玻璃棒不断搅拌使苯甲酸溶解。

(3) 热过滤操作：趁热将过滤溶液分几次通过热过滤装置过滤。该过程中，未倒入漏斗的溶液可用小火加热。溶液过滤结束后，用少量热水洗涤漏斗和烧杯。

(4) 减压过滤操作：将滤液于室温自然放置，冷却结晶后抽滤。用少量冷水洗涤晶体2次。晶体转移到表面皿晾干或烘干。

(5) 离心分离操作：取1支洁净的离心管，加入5滴0.1 mol/L氯化钡溶液和3滴饱和草酸铵溶液，振荡试管并观察实验现象。离心分离，将上层清液移入另一支洁净的试管，加入5滴0.1 mol/L硝酸银溶液，振荡并观察现象。往离心管中加入6 mol/L盐酸溶液2～3滴，观察沉淀是否消失。

[问题与讨论]

(1) 热过滤时，玻璃漏斗的温度是否要接近滤液的温度？为什么？
(2) 为什么减压过滤装置必须密闭？
(3) 放入布氏漏斗中的滤纸的直径必须大于布氏漏斗的底板。这句话对吗？
(4) 减压过滤装置的拆卸顺序是_____。

第三节　组装和使用普通蒸馏装置

一、原理简介

将液体加热到沸腾变为蒸气，然后再使蒸气在冷凝管中冷凝成液体的操作过程叫作普通蒸馏，习惯称为蒸馏。在实验室中，蒸馏可用于物质的提纯、液体混合物的分离、沸点的测定以及回收溶剂和浓缩溶液等，适用于沸点在40 ℃～150 ℃的物质。

(一) 分离、提纯物质

混合液中各组分具有不同的挥发度，低沸点的物质容易挥发，高沸点的物质则难挥发。当蒸馏液中组分的沸点相差比较大时，溶液上方的蒸气中低沸点组分的含量相对较高，溶液中该组分的含量则较低。蒸气冷凝时，就得到低沸点组分含量最高的馏出液，沸点较高的组分随后蒸出，不挥发的组分留在蒸馏器中。一般情况下，当一种物质易挥发而另一种不挥发，或两种物质的沸点差大于30 ℃时，就可以通过普通蒸馏进行分离、提纯。如果组分沸点相差较小，混合物中组分的分离则必须采用其他蒸馏方法。

(二) 常量法测定沸点

液体在标准大气压(101 325 Pa)下沸腾时的温度就是该物质的沸点。当液体沸腾时，温度计遇到热蒸气后，水银柱即上升，当温度恒定时，记录冷凝液开始滴出和最后一滴的温度，这就是该馏分的沸程(又叫沸点范围)。纯液体有一定的沸点，沸程较窄，温差在0.5 ℃～1 ℃左右；不纯液体(含杂质)没有固定的沸点，沸程较宽。沸点、沸程是液体化合物的重要物理常数,可用于定性鉴定化合物、判断化合物的纯度。

为了消除在蒸馏过程中的过热现象,保证沸腾的平稳状态,常在蒸馏前加入素烧瓷片或沸石(又称止暴剂或助沸剂)。需要在蒸馏过程中添加助沸剂时,必须使沸腾的液体冷却至沸点以下后才能加入,否则将会引起猛烈的暴沸,使液体冲进冷凝管或冲出瓶口。

二、普通蒸馏装置

普通蒸馏装置主要由汽化、冷凝和接收装置三部分组成,如图5-10所示。

1. 蒸馏烧瓶

蒸馏烧瓶的选用与被蒸液体量的多少有关,通常装入液体的体积应为蒸馏烧瓶容积的1/3～2/3。在蒸馏低沸点液体时,选用长颈蒸馏瓶;在蒸馏高沸点液体时,选用短颈蒸馏瓶。

2. 温度计

温度计应根据被蒸馏液体的沸点选择,低于 100 ℃的可选用 100 ℃温度计;高于 100 ℃的应选用 250 ℃～300 ℃水银温度计。温度计在蒸馏烧瓶中的位置应使水银(酒精)球的上限和烧瓶支管下限在同一水平线上(图5-10)。

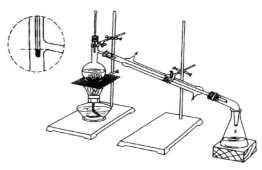

图 5-10 普通蒸馏装置

3. 冷凝管

冷凝管可分为水冷凝管和空气冷凝管两类。水冷凝管适用于沸点低于 140 ℃的蒸馏液,使用时必须按照水流下入上出的顺序安装,保证冷水自下而上、蒸气自上而下逆流冷凝;蒸馏液沸点高于 140 ℃时,应使用空气冷凝管。

4. 接液管及接收瓶

接液管将冷凝液导入接收瓶中。常压蒸馏选用锥形瓶为接收瓶,减压蒸馏选用圆底烧瓶为接收瓶。

三、蒸馏操作

(一)分离、提纯物质

(1)准备仪器。

(2)组装蒸馏装置。以热源的高度为基础,由下而上,从左到右进行组装,顺序为:热源→蒸馏烧瓶[先放入沸石(倾斜烧瓶,小心加入)]→温度计(插在橡皮塞中)→冷凝管(先装好橡皮管)→接液管→接收瓶(一般为锥形瓶)。注意:不能装成密闭系统,否则会爆炸。

需要间接加热时,根据蒸馏物的沸点选择加热方式,沸点低于 80 ℃的选用水浴,高于 80 ℃的使用油浴或电热套。

(3) 整体要求:上下垂直端正,做到"正看一个面,侧看一条线"。

(4) 使用蒸馏装置。

① 将蒸馏液经漏斗加入蒸馏烧瓶中,加入 2～3 粒沸石。

② 先通水后加热。加热时,先小火再逐渐增大火力,液体沸腾后,调整火力以每秒钟自接液管滴出 1～2 滴为宜,使水银球上液滴和蒸气温度达到平衡。

③ 观察温度的变化及蒸馏液的滴出。温度未达到物质的沸点范围时,滴入接收瓶的是沸点较低的前馏分;当温度上升至物质的沸点范围且恒定时,更换接收瓶收集馏分(产物)。

④ 温度超过沸点范围时,停止接收。如果只需要接收一种组分,则蒸馏结束;若还要接收更多组分,重复接收第二(或第三等)组分的前馏分和馏分。

(5) 拆卸蒸馏装置。拆卸顺序与安装顺序相反,顺序为:移去热源→移开接收瓶→关闭冷凝水→取下接液管→分离冷凝管与蒸馏烧瓶→按与安装顺序相反顺序拆卸两部分装置→放置好仪器(玻璃仪器与铁质仪器分开放)。

(二) 沸点(程)测定

方法与分离、提纯物质相似。但在蒸馏过程,观察并记录温度稳定后冷凝液开始滴出和最后一滴的温度,而不是收集馏分。

四、技能训练

[训练目的]

(1) 了解蒸馏法分离、提纯物质和常量法测定沸点(程)的原理。

(2) 掌握常压下蒸馏装置的组装、拆卸操作方法。

(3) 学会应用蒸馏法分离物质、测定物质的沸点(程)。

[实验用品]

仪器:蒸馏烧瓶、温度计、直形冷凝管、锥形瓶、接液管、电炉、大烧杯(或水浴锅)、烧瓶夹、铁夹、十字夹、石棉网、橡皮管、橡皮塞。

药品:粗酒精(50%～60%)、乙酸乙酯(或无水酒精)。

其他:沸石。

[训练内容]

(1) 选择实验仪器,以水浴加热的方式组装蒸馏装置。水浴中的水不要加得太多,一般高于烧瓶中液面 1 cm 即可。

(2) 粗酒精的提纯。

① 以 30 mL 粗酒精为蒸馏液,按照蒸馏操作方法进行蒸馏,收集 77 ℃～79 ℃的

馏分。当温度突然下降或烧瓶内液体量很少时，停止加热。

② 拆卸蒸馏装置。

③ 用酒精比重计检测馏分的酒精浓度。

(3) 测定乙酸乙酯(或无水酒精)的沸点(程)。

① 以乙酸乙酯(或无水乙醇)为蒸馏液，按照蒸馏操作方法进行蒸馏，观察并记录温度稳定后冷凝液开始滴出和最后一滴的温度。

② 拆卸装置。

③ 计算乙酸乙酯(或无水酒精)的沸点(程)。

[问题与讨论]

(1) 蒸馏时加入沸石的作用是什么？如果蒸馏前忘记加沸石，能否立即将沸石加至将近沸腾的液体中？当重新蒸馏时，用过的沸石能否继续使用？

(2) 在蒸馏时通常用水浴或油浴加热，它与直接火加热相比有什么优点？

(3) 指出图 5-11 所示蒸馏装置的错误之处。

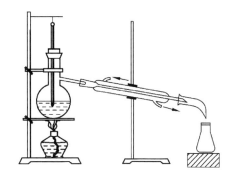

图 5-11　问题与讨论(3)

(4) 假定实验误差很小，如果测出某液体的沸程很小(0.5 ℃～1 ℃左右)，可判断该物质_____；如果沸程较大，则说明该物质_____。

(5) 蒸馏装置用于分离混合物与用于测定沸点，其使用上的主要不同点在哪里？

第四节　组装和使用普通回流装置

一、回流原理与装置

许多有机物的实验过程需要对体系进行加热。为了尽量减少体系中溶剂、原料物或产物的蒸发逸散，以及避免易燃、易爆、有毒物质造成的事故或污染，常常在反应瓶上垂直安装冷凝管，使实验过程中产生的蒸气经冷凝管冷凝后流回反应瓶中，这种连续不断地蒸发与冷凝管流回的操作叫作回流。

常用的回流装置有普通回流装置、带干燥管的回流装置、带滴液漏斗的回流装置、带搅拌装置的回流装置等。普通回流装置(图 5-12)是实验室最简单、最常用的回流装置，用于一般的回流操作。其中，需要选择合适的圆底烧瓶，使回流物的体积占烧瓶容量的

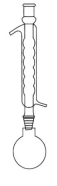

图 5-12　普通回流装置

1/3～1/2；一般情况下，在 140 ℃ 以下回流选用球形冷凝管，高于 140 ℃ 时应选用空气冷凝管，按照水流下入上出的方向连接水源；加热前，必须在烧瓶中放入沸石，以防暴沸。根据具体情况选用水浴、油浴、电热套和石棉网直接加热等加热方式。

回流装置以热源高度为基础，首先固定圆底烧瓶，冷凝管与圆底烧瓶在一条直线上并垂直于实验台面，回流体系不能封闭。

二、回流操作

(1) 回流液可事先加入烧瓶中，并加入 2～3 粒沸石。

(2) 选择加热方式，组装回流装置，注意先固定烧瓶，再连接冷凝管并固定好，冷凝管的下管与水龙头连接。

(3) 先通水后加热，开始时小火加热，逐渐增大火力使回流液沸腾或达到指定温度。

(4) 调节加热速度和冷凝水流量，控制回流速度，使蒸气浸润界面不超过冷凝管有效长度的 1/3。

(5) 停止回流时，先停火再关冷凝水。

(6) 拆卸回流装置，与安装顺序相反。

三、技能训练

[训练目的]

(1) 了解回流的原理和装置。

(2) 正确组装和使用普通回流装置。

[实验用品]

仪器：圆底烧瓶、球形冷凝管、电炉、大烧杯(或水浴锅)、橡皮管。

药品：待脱色酒精溶液、活性炭。

其他：沸石。

[训练内容]

(1) 量取 100 mL 待脱色酒精溶液于圆底烧瓶中，并加入 2～3 粒沸石和 0.6 g 活性炭。

(2) 以水浴加热的方式组装回流装置，组装减压过滤装置。

(3) 按照回流操作方法回流混合液，待液滴连续滴下后保持 10 min，停止加热。

(4) 趁热进行减压过滤，回收酒精溶液。

[问题与讨论]

(1) 如何固定普通回流装置中的圆底烧瓶和冷凝管？先固定哪一个？

(2) 普通回流装置中冷凝管的水流方向与普通蒸馏装置是否一致？为什么？

(3) 回流时间应该从什么时候开始计算？

第五节 技能应用实例
——重结晶法提纯苯甲酸

一、提纯原理

重结晶法是提纯有机物最常用的一种方法，其操作程序为：制备饱和溶液→活性炭脱色→热过滤→冷却结晶→抽滤→晶体干燥。

纯净的苯甲酸是白色晶体，熔点122 ℃，在水中的溶解度随温度升高而显著增大，如18 ℃时为0.27 g，100 ℃时为5.7 g。利用苯甲酸溶解度的特点，将粗苯甲酸溶于沸水中并加活性炭脱色，不溶性杂质与活性炭在热过滤时除去，冷却后，苯甲酸析出结晶时可溶性杂质留在母液中，从而达到提纯的目的。

二、提纯实验

[实验目的]

(1) 巩固热过滤、减压过滤、结晶等基本操作技能。

(2) 学会综合运用化学实验操作技能分离、提纯化合物。

(3) 了解重结晶法提纯苯甲酸的原理。

[实验用品]

仪器：布氏漏斗、抽滤瓶、安全瓶、水泵、短颈漏斗、保温漏斗、锥形瓶、烧杯、玻璃棒、洗瓶、酒精灯、表面皿。

药品：粗苯甲酸、水、活性炭。

其他：滤纸。

[实验内容]

(1) 按要求准备好仪器、试剂并组装好热过滤、减压过滤装置，将短颈漏斗放入烘箱于80 ℃预热，折叠好滤纸。

(2) 制备热溶液：称取2 g粗苯甲酸于烧杯中，加入60 mL蒸馏水，在石棉网上加热至微沸，用玻璃棒不断搅拌使苯甲酸完全溶解。若不能完全溶解可适量补水。

(3) 脱色：待溶液稍冷却，加入少许活性炭，搅拌均匀，盖上表面皿，继续加热微沸5 min。

(4) 热过滤：当保温漏斗中水接近沸腾时，迅速将混合液分几次趁热过滤，未倒入漏斗的溶液可用小火加热。溶液过滤完毕后，用少量热水洗涤漏斗和烧杯。

(5) 结晶抽滤：待滤液自然冷却结晶完全后，减压过滤，用少量蒸馏水淋洗晶体2次。用玻璃塞挤压晶体，尽量抽干母液。

(6) 干燥称重：将晶体移至表面皿上晾干或烘干，然后称取质量，计算回收率。

[问题与讨论]

(1) 重结晶法提纯有机物的依据是什么?

(2) 在实验中,第一次过滤为什么使用热过滤?能否直接使用减压过滤?为什么?

(3) 实验中使用活性炭的作用是什么?

第六章

物理常数测定技术

纯净的物质都具有一些基本物理常数,如熔点、沸点、比重、比旋光度和折射率等,在一定条件下,这些常数均为定值。因此,测定物质的物理常数,可以确定物质是否纯净或鉴定物质,某些物理常数的测定还应用于分析物质的含量。本章中我们将进行熔点、旋光度测定方法及其应用的学习和训练。

第一节 组装和使用毛细管法熔点测定装置

一、熔点测定原理简介

在一定条件下,固体物质被加热到一定温度时,就会从固态转变为液态,此时的温度就是该化合物的熔点。每一种纯净物都有独特的晶体结构和分子间作用力,因而具有特定的熔点。纯净物从开始熔化(始熔)至完全熔化(全熔)的温度范围称为熔点距(又称熔程)。纯净物的熔点距很窄,温差一般为 0.5 ℃~1 ℃。混合物没有确定的熔点,且熔点比其中任一组分的熔点低,熔点距大。所以通过测定熔点距可以确定固体物质是否纯净。

熔点测定还应用于未知物的鉴定。若样品 A 与标准品 B 的熔点相同,可以初步确定 A 为 B,再通过将 A 和 B 等量混合后测定混合物熔点的方法加以检验。如果测得的熔点与单独测定 A 或 B 的熔点相同,则说明 A 与 B 为同一物质;若测得的熔点低于单独测定 A 与 B 的熔点,且熔点距很大,则可以认定 A 与 B 是不同物质。

实验室常用毛细管法测定物质的熔点,其传统测定装置如图 6-1 所示。实验中,观察毛细管中固体物质的变化情况,通过温度计测定固体开始熔化和完全熔化时的温度。

影响测定熔点准确性的因素很多,如温度计的误差、读数的准确性、样品的干燥程度、毛细管的口径和圆匀性、样品填入毛细管是否紧密均匀、所用的传热液是否合适、加热的

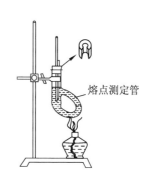

图 6-1 熔点测定装置

速度是否适当等都能影响熔点的测定,通过熔点仪可以比较有效地消除部分因素对测定熔点准确性的影响。

二、毛细管法熔点测定的方法

(1) 准备仪器。

(2) 组装熔点测定装置。组装顺序：毛细管封口[注1]、装样[注2]、固定[注3]→铁架台→酒精灯→烧瓶夹→熔点测定管的加液和固定[注4]→温度计[注5]。

注1：如图6-2所示,用左手掌挡风使火焰不摇曳,右手持毛细管并将其一端斜插入酒精灯的火焰边沿,一边转动毛细管,一边加热熔封,要求封闭严密。

注2：把已研成粉末状的待测物置于干净的表面皿上,并集中成堆。将毛细管开口一端插入其中,使少量样品进入毛细管中。取一根玻璃管竖于表面皿上,把装有样品的毛细管封闭端朝下,从玻璃管口自由落下,反复几次。重复装样,直至毛细管中样品紧密装填在毛细管底部,样品柱高度约2.5~3.5 mm,且不出现缝隙。

注3：装好样品的毛细管按图6-3所示用小橡皮圈固定在温度计上。装有样品的部分位于温度计水银(或酒精)球侧面中部。

注4：沿熔点测定管颈部(无侧管一侧)把传热液倾入测定管中,传热液的加入量如图6-4所示。然后用烧瓶夹固定在铁架台上。

  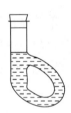

图6-2 毛细管的熔封　　图6-3 样品毛细管的固定位　　图6-4 传热液的加入量

注5：温度计插在带缺口的橡皮塞中,水银球位于测定管的两侧管之间,如图6-5所示。

(3) 装置的使用方法。熔点测定程序：点燃酒精灯加热[注6]→观察样品柱的变化→读数[注7]并记录数据→熄灭酒精灯[注8]。

注6：首先移动酒精灯预热,然后固定于测定管侧管末端加热。开始时控制温度每分钟上升5 ℃~6 ℃,距熔点10 ℃~15 ℃时改用小火,控制温度每分钟上升1 ℃~2 ℃。

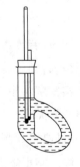

图6-5 温度计的位置

注7：毛细管中样品柱的形状开始改变(或出现小液滴)时,读取此时的温度,记

为 $t_{始}$。样品柱完全透明时,再读取温度,记为 $t_{终}$。$t_{终} \sim t_{始}$ 即为熔点距。

注8：第一次测定为粗测,记录近似熔点距。第二次测定时,必须换另一根装好样品的新毛细管,待传热液温度下降至熔点以下约 30 ℃ 左右,再按同样方法进行测定。

(4) 拆卸装置。拆卸顺序：温度计→冷却、取下熔点测定管→倒液于回收瓶→烧瓶夹→铁架台。

三、熔点仪的使用方法

YRT-3 型药物熔点仪(图 6-6)采用微机控制程序升温,工作可靠,控温精度高,测量准确,重现性好,操作简便,是实验室常用的熔点仪,其使用方法如下：

(1) 将装有传热液(140~150 mL)的烧杯置于机座上,并加入转子,接通电源,开机,仪器即处于复位状态。

(2) 预置温度。在复位状态时利用"＋""－"两个键设置预置温度(低于样品熔点温度 10 ℃),此时数码管显示的为预置温度。"＋""－"键按下后其上面对应的指示灯亮,约 3 s 后自动熄灭,此时仪器已经记录下了本次预置值,下次开机时预置温度即为本次预置

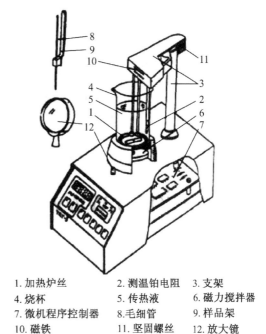

1. 加热炉丝　2. 测温铂电阻　3. 支架
4. 烧杯　5. 传热液　6. 磁力搅拌器
7. 微机程序控制器　8. 毛细管　9. 样品架
10. 磁铁　11. 坚固螺丝　12. 放大镜

图 6-6　YRT-3 型药物熔点仪

值。若指示灯没有熄灭即按了其他键,则本次预置温度值不被记忆,下次开机时预置温度为上次预置值。

(3) 温度预置好后按下准备键,仪器即处于准备状态,准备灯亮。仪器开始以 15 ℃/min 的较快速率升至预置温度。到达预置温度后,延时约 1 min,使液体处于稳定的温度状态,蜂鸣器报警,此时,把装有样品的毛细管插入样品架上,放入传热液中并利用支架上的磁铁吸牢。样品装入毛细管中的量约 3 mm 高,应放置在尽量接近铂电阻温度计的陶瓷或玻璃部分中间的位置。

(4) 样品放好后,按下测量键,仪器处于测量状态,开始以设定速率等速升温。通过传热液烧杯前放置的放大镜观察样品的熔化过程。当样品熔化时可利用初熔、终熔键记录初熔点、终熔点的值。在测试状态下,每按下一次初熔(终熔)键,即记录下当前温度为初熔(终熔)点,同时对应的指示灯亮。测量完毕回到准备或复位状态

时,可用初熔(终熔)键读出刚记录下的初熔(终熔)点的值。

(5) 熔点测出后,按下准备键,液体即开始降温直至温度预置值,传热液温度达预置值后延时约 2 min 后蜂鸣器报警,提示使用者目前传热液温度已达到预置温度,可进行下次测量。蜂鸣器报警时可按下任意键(测量键、复位键除外)终止。

四、技能训练

[训练目的]

(1) 理解熔点测定原理。

(2) 熟练地组装毛细管法熔点测定装置。

(3) 学会使用熔点测定装置及熔点仪测定有机物的熔点(距)。

[实验用品]

仪器:熔点测定管、温度计、带缺口的橡皮塞、毛细管、酒精灯、玻璃管(内径约 10 mm,长 50 cm)、表面皿、铁架台、烧瓶夹(或铁夹)、YRT-3 型药物熔点仪。

药品:传热液(液体石蜡)、苯甲酸、水杨酸。

[训练内容]

(1) 以苯甲酸、苯甲酸与水杨酸的混合物为待测物,组装传统熔点测定装置。

(2) 测定苯甲酸、苯甲酸与水杨酸的混合物的熔点(距),要求每份样品测定两次。

(3) 拆卸装置。

(4) 使用 YRT-3 型药物熔点仪测定水杨酸的熔点(距),测定两次。

(5) 计算苯甲酸、水杨酸及苯甲酸与水杨酸的混合物的熔点(距)。

[问题与讨论]

(1) 熔点测定装置能够密闭吗?

(2) 温度计的水银球应处在熔点测定管的哪个位置?请用图表示。

(3) 假定实验误差很小,如果实验结果熔点距很大,说明了什么?

(4) 图 6-7 所示是熔点测定装置的一部分,请指出它的错误之处。

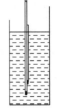

图 6-7 问题与讨论(4)

第二节 使用旋光仪测定旋光性物质的旋光度

一、原理简介

葡萄糖、乳酸、维生素 C 等有机物均具有旋光性,称为旋光性物质。一定条件下,旋光性物质的旋光度(α)与溶液的浓度(c)、测定管的长度(l)的关系为:

$$\alpha = [\alpha]_\lambda^t \cdot c \cdot l$$

其中,浓度 c 的单位为 g/mL,测定管长度 l 的单位是 dm,$[\alpha]_\lambda^t$ 为旋光性物质的比旋光度(简称比旋度)。

比旋光度($[\alpha]_\lambda^t$)是旋光性物质特有的物理常数,在相同条件下,不同旋光性物质具有不同的比旋光度。例如,葡萄糖的比旋光度 $[\alpha]_D^{20} = +52.5° \sim +53.0°$(均值为 $+52.75°$),维生素 C 的比旋光度 $[\alpha]_D^{20} = +20.5° \sim +21.5°$。因此,比旋光度值可作为鉴别旋光性物质的依据。通过测定旋光性物质的旋光度,由公式:

$$[\alpha]_D^{20} = \frac{\alpha}{c \times l}$$

计算出其比旋光度,通过与已知比旋光度值比较确定是哪一种旋光性物质。

对于已知旋光性物质,通过测定旋光度,由公式:

$$c = \frac{\alpha}{[\alpha]_D^{20} \times l}$$

计算溶液的浓度,进而分析物质的含量。对于非旋光性物质,可以通过测定旋光度推知其是否含有旋光性杂质,即进行旋光性杂质的检查,并通过控制溶液的旋光度大小来控制杂质的限量。

旋光性物质的旋光度(α)可以通过旋光仪测定。旋光仪的工作原理如图 6-8 所示。从光源发出的光线经过起偏镜成为偏振光。偏振光通过盛有旋光性物质的测定管时,由于物质的旋光作用,其振动方向将旋转(左旋或右旋)一定的角度。要使从测定管中透出的偏振光全部通过,必须将检偏镜旋转相应的角度,检偏镜旋转的角度就是该物质在此实验条件时的旋光度。

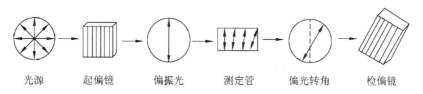

图 6-8 旋光仪的工作原理

二、旋光仪及其使用方法

旋光仪主要有目视旋光仪和自动旋光仪两种。实验室中常用的 WZZ-3 型自动旋光仪如图 6-9 所示,使用方法如下:

(1) 将仪器电源插头插入 220 V 交流电源(要求使用交流电子稳压器),并将接地脚可靠接地。打开仪器右侧的电源开关,这时钠光灯应启辉,经 5 min 钠光灯才发光稳定。

(2) 将仪器右侧的光源开关向上扳到直流位置(若光源开关扳上后钠光灯熄灭,

则再将光源开关上下重复扳动1~2次,使钠光灯在直流下点亮)。

(3) 直流灯点亮后按回车键,这时液晶显示器即有MODE(模式:MODE1为旋光度,MODE2为比旋光度,MODE3为浓度,MODE4为糖度)、L(测定管长度)、C(浓度)、n(测定次数)选项显示(默认值:MODE 1,L为2.0,C为0,n为1)。

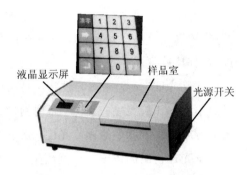

图6-9　WZZ-3型自动旋光仪

(4) 显示模式的改变:

① 如果显示模式不需改变,则按测量键,显示"0.000"。

② 若需改变模式,修改相应的模式数字。对于MODE、L、C、n每一项,输入完毕后需按回车键,显示"0.000"表示可以测试。在C项输入过程中,发现输入错误时,可按"→"键,光标会向前移动,可修改错误。

③ 在测试过程中需改变模式,可按"→"键。

④ 在测试过程中,如果出现黑屏或乱屏,则按回车键。

(5) 显示形式:MODE选1(按数字键1后再按回车键),测量内容显示旋光度(OPTICAL ROTATION),数据栏显示α及$α_{AV}$(脚标AV表示平均值),需要输入测定管长度L、测定次数n。

(6) 将装有蒸馏水或其他空白溶剂的测定管放入样品室,盖上箱盖,按清零键,显示0读数。测定管中若有气泡,应先使气泡浮在凸颈处;通光面两端的雾状水滴应用软布擦干。测定管螺帽不宜旋得过紧,以免产生应力,影响读数。测定管安放时应注意标记位置和方向。

(7) 取出测定管,将待测样品注入测定管,按相同的位置和方向放入样品室内,盖好箱盖。仪器将显示出该样品的旋光度。

(8) 仪器自动复测n次,得n个读数并显示平均值。

三、技能训练

[训练目的]

(1) 了解测定旋光性物质旋光度的原理及其意义。

(2) 正确使用自动旋光仪测定旋光性物质的旋光度。

(3) 学会运用自动旋光仪测定旋光性物质的比旋光度和溶液的浓度。

[实验用品]

仪器:自动旋光仪、容量瓶、烧杯。

药品:纯化水、0.01 g/mL葡萄糖溶液、待测葡萄糖溶液。

[训练内容]

(1) 认识并正确使用自动旋光仪。

(2) 测定葡萄糖的比旋光度。

① 按照操作规程,将 0.01 g/mL 葡萄糖溶液转移到旋光仪的测定管中。

② 在自动旋光仪上测定其旋光度,重复读数三次,取其平均值。

③ 计算葡萄糖的比旋光度。

(3) 测定待测葡萄糖溶液的浓度。

① 按照操作规程,将待测葡萄糖溶液转移到旋光仪的测定管中。

② 在自动旋光仪上测定其旋光度,重复读数三次,取其平均值。

③ 计算葡萄糖溶液的浓度。

[问题与讨论]

(1) 测定旋光性物质的旋光度有什么意义?

(2) 如果测定管内留有气泡,对测定结果会产生什么影响?如何排除?

(3) 已知蔗糖的 $[\alpha]_D^{20}=+66.29°$。20 ℃时,用 1 dm 测定管测得蔗糖的旋光度为 $+6.80°$,计算该蔗糖溶液的浓度。

第三节　实验习题:熔点测定法判别未知物

[实验目的]

(1) 学会运用熔点测定原理判别未知物。

(2) 继续练习组装毛细管法熔点测定装置。

(3) 培养团队合作精神。

[实验内容]

已失去标签的 A 瓶装有一种白色固体,已知它是苯甲酸(B)、水杨酸(C)中的一种,请设计实验方案,使用熔点测定法,通过实验对未知物 A 进行判别。

[实验提示]

(1) 测纯净物样品 A 的熔点。

(2) 测混合物的熔点:将 A 和与其熔点相同的物质 B(或 C)等量混合,测定混合物的熔点。若测定 A 与 B(或 A 与 C)混合物的熔点与单独测定 A 或 B(或 C)的熔点相同,则说明 A 与 B(或 C)为同一物质;若 A 与 B(或 C)混合物的熔点低于单独测定 A 与 B(或 C)的熔点,且熔点距很大,则可以认定 A 与 B(或 C)是不同物质。

(3) 已知苯甲酸的熔点为 122.4 ℃,水杨酸的熔点为 159 ℃。

(4) 测定熔点时,必须使用校正后的温度计,计算熔点时加上校正值。

[实验设计要求]

(1) 写出实验步骤。

(2) 列出实验所需仪器、药品。

(3) 将实验结果和推出的结论记录在表 6-1 中。

表 6-1 实验记录表

样品名称	样品代码	实测熔点/℃				结论
		次序	$T_{始}$	$T_{终}$	熔点距	熔点	
样品 A	A	1					样品 A 的熔点与_____熔点相同,样品 A 可能是_____
		2					
A+( )	混合物	1					混合物的熔点与 A 相同,样品 A 为_____
		2					

第七章

有机化合物鉴别技术

鉴别药物是药品生产中的一项常规工作,作为药品生产者和经营者都应该具备该项基本技能。根据有机药物中所含官能团的特殊化学性质对药物进行鉴别是一种常用的方法。应用这种方法进行有机物的鉴别时,我们必须懂得:① 选择什么化学试剂进行鉴别;② 如何通过实验对药物做出准确的鉴别。

第一节 官能团(或有机物)的鉴定反应

一、有机化合物鉴别的依据

官能团是决定一类有机化合物主要化学性质的原子或原子团,应用有机化合物的化学性质对有机化合物进行鉴别,大多数情况下就是对有机物中官能团的鉴定。但在判断有机化合物的化学性质能否运用于官能团的鉴定时,必须考虑:① 官能团能否体现有机物的特性,还取决于有机物结构中的各种电子效应和空间效应对官能团所产生的影响;② 含多官能团的有机化合物不仅具有单一官能团的性质,而且多种官能团互相影响还会产生特殊的性质。

二、有机化合物中常见官能团(或有机物)的鉴定反应

有机化合物中,鉴定常见官能团(或鉴别有机物)所用的化学试剂、反应现象、干扰情况等见表7-1。

表7-1 常见官能团(或有机物)的鉴定方法

官能团(或有机物)		化学试剂	反应现象	能产生相同现象的官能团或有机物	注 明
名称	结构				
碳碳双键	$C=C$	溴的四氯化碳溶液或溴水	褪色	酚、碳碳叁键	
		高锰酸钾酸性溶液	褪色	酚、碳碳叁键、醛、甲酸、含α-H的醇和烷基苯	

续表

官能团(或有机物)		化学试剂	反应现象	能产生相同现象的官能团或有机物	注 明
名称	结构				
醇羟基	—OH	金属钠	无色气体	羧基、酚羟基	
		卢卡斯试剂	浑浊		① 伯、仲、叔醇出现浑浊时间不同 ② 适用于含5个(及以下)碳原子的醇
酚羟基	—OH	三氯化铁溶液	显色		
醛基	—CHO	2,4-二硝基苯肼溶液	黄色沉淀	酮(—CO—)	
		希夫试剂	显紫红色		
		托伦试剂	银镜	甲酸、还原糖	水浴加热
		斐林试剂	砖红色沉淀	甲酸、还原糖	① 甲醛产生铜镜 ② 芳香醛不反应 ③ 水浴加热
酮基	—CO—	2,4-二硝基苯肼溶液	黄色沉淀	醛(—CHO)	
		次碘酸钠溶液或碘的氢氧化钠溶液	黄色沉淀(碘仿)	乙醛、乙醇以及具有 $CH_3CH(OH)—$ 结构的醇	酮类中只有甲基酮才有此反应
羧基	—COOH	紫色石蕊试液	变红		
		碳酸氢钠固体(或饱和溶液)	无色气体(CO_2)		
糖类		莫立许试剂、浓硫酸	紫色环		
		托伦试剂	银镜	醛	① 非还原糖不反应 ② 水浴加热
		斐林试剂	砖红色沉淀	醛	① 非还原糖不反应 ② 水浴加热
淀粉		碘液	蓝色		
α-氨基酸		水合茚三酮溶液	蓝紫色		水浴加热

注:① 上表中能产生相同现象的有机化合物,指的是含有一种(个)官能团的有机化合物。
② 在寻找鉴别、鉴定所需的化学试剂时,要注意其他官能团或有机化合物的干扰情况。

三、技能训练

[训练目的]

(1) 加深对官能团(或有机物)鉴定反应的认识。

(2) 掌握正确、规范的实验操作并形成技能。

(3) 学会准确观察和记录实验现象。

(4) 培养科学、严谨的学习作风。

[实验用品]

仪器：试管、试管架、酒精灯、铁架台、铁圈、石棉网、烧杯、点滴板。

药品：乙醇、丙酮、乙醛溶液、甲醛溶液、松节油、0.2%苯酚溶液、10 g/L 溴的四氯化碳溶液、0.06%三氯化铁溶液、2,4-二硝基苯肼溶液、2%硝酸银溶液、0.5 mol/L氨水、1.25 mol/L 氢氧化钠溶液、5%高锰酸钾溶液、稀硫酸、浓硫酸、水杨酸饱和溶液、乳酸溶液、草酸溶液、乙酸溶液、酒精溶液、希夫试剂、碳酸氢钠饱和溶液、10%葡萄糖溶液、10%果糖溶液、2%淀粉、莫立许试剂、碘溶液、1%甘氨酸、1%酪氨酸、茚三酮试剂、稀硝酸、蒸馏水。

其他：pH 试纸。

[训练内容]

1. 碳碳双键的鉴定反应

(1) 松节油(含有)与溴的反应。

取 1 支试管，加入 1 mL 10 g/L 溴的四氯化碳溶液，观察溴的四氯化碳溶液的颜色，然后往试管中滴加 3 滴松节油，振荡，观察并记录实验现象。

(2) 松节油与高锰酸钾的反应。

取 1 支试管，加入 0.5 mL 5%高锰酸钾溶液和 0.5 mL 稀硫酸溶液，振摇，观察高锰酸钾酸性溶液的颜色，然后往试管中滴加 3 滴松节油，振荡，观察并记录实验现象。

2. 酚羟基的鉴定反应

(1) 苯酚、水杨酸与三氯化铁的显色反应。

取 3 支试管，1# 试管中加入 1 mL 0.2%苯酚溶液，2# 试管中加入 1 mL 水杨酸饱和溶液，3# 试管中加入 1 mL 蒸馏水，再各加入 2 滴 0.06%三氯化铁溶液，振荡，1# 和 2# 试管与 3# 试管对照，观察并记录实验现象。

(2) 验证醇羟基不与三氯化铁发生显色反应。

取 2 支试管，1# 试管中加入 1 mL 酒精溶液，2# 试管中加入 1 mL 乳酸溶液，然后分别加入 2 滴 0.06%三氯化铁溶液，振荡，与(1)中的 3 支试管对照，观察并记录实验现象。

3. 醛基、酮基的鉴定反应

(1) 醛与希夫试剂的显色反应。

取 2 支试管,各加入 1 mL 希夫试剂,1#试管中加入 1 滴乙醛溶液,2#试管中加入 1 滴甲醛溶液,摇匀,观察并记录实验现象。

(2) 验证酮基不与希夫试剂发生显色反应。

取 1 支试管,加入 1 mL 希夫试剂,再加入 1 滴丙酮,摇匀,与(1)中的 2 支试管对照,观察并记录实验现象。

(3) 醛与托伦试剂的银镜反应。

① 配制托伦试剂:取 1 支试管,依次加入 1 mL 2%硝酸银溶液和 1 滴 1.25 mol/L 氢氧化钠溶液,然后在振摇下滴加 0.5 mol·L^{-1}氨水,直到生成的 Ag_2O 沉淀恰好溶解完,所得溶液即为托伦试剂。

② 把配好的托伦试剂均分装于 2 支编号为 1#和 2#的洁净试管中,1#试管中加入 2 滴甲醛溶液,2#试管中加入 2 滴乙醛溶液,振摇后放在 60 ℃~80 ℃的热水浴中加热数分钟,取出,观察并记录实验现象。

(4) 验证酮基、羟基、羧基不与托伦试剂发生银镜反应。

配制 3 mL 托伦试剂,把配好的托伦试剂均分装于 3 支编号为 1#、2#、3#的洁净试管中,1#试管中加入 2 滴乙醇,2#试管加入 2 滴丙酮,3#试管中加入 2 滴乙酸溶液,振摇后放在 60 ℃~80 ℃的热水浴中加热数分钟,取出,与(3)中的 1#、2#试管对照,观察并记录实验现象。

(5) 醛、酮与 2,4-二硝基苯肼的反应。

取 2 支试管,各加入 1 mL 2,4-二硝基苯肼溶液,1#试管中加入 2 滴乙醛溶液,2#试管中加入 2 滴丙酮,摇匀,观察并记录实验现象。

(6) 验证羟基、羧基不与 2,4-二硝基苯肼反应。

取 2 支试管,各加入 1 mL 2,4-二硝基苯肼溶液,1#试管中加入 2 滴乙醇,2#试管中加入 2 滴乙酸溶液,摇匀,与(5)中的 1#、2#试管对照,观察并记录实验现象。

4. 羧基的酸性与鉴定反应

(1) 检测羧基的酸性。

在点滴板上用 pH 试纸检测乙酸溶液、乳酸溶液、草酸溶液的 pH,记录检测结果。

(2) 乙酸、草酸与碳酸氢钠的反应。

取 2 支试管,各加入 2 mL 碳酸氢钠饱和溶液,依次往 1#试管中滴加乙酸溶液、2#试管中滴加草酸溶液,边滴加边振摇,同时观察并记录实验现象。

(3) 验证醇羟基、醛基、酮基不与碳酸氢钠反应放出气体。

取 3 支试管,各加入 2 mL 碳酸氢钠饱和溶液,依次往 1# 试管中滴加乙醇、2# 试管中滴加乙醛溶液、3# 试管中滴加丙酮,边滴加边振摇,同时观察并记录实验现象。

5. 糖类的鉴定反应

(1) 还原糖与托伦试剂的银镜反应。

配制 3 mL 托伦试剂,分装于三支编号为 1#、2#、3# 的洁净试管中,1# 试管中加入 0.5 mL 10% 葡萄糖溶液,2# 试管中加入 0.5 mL 10% 果糖溶液,振摇后放在 60 ℃～80 ℃ 的热水浴中加热数分钟,取出,观察并记录实验现象。

(2) 验证非还原糖不与托伦试剂发生银镜反应。

往(1)中的 3# 试管加入 0.5 mL 2% 淀粉溶液,振摇后放在 60 ℃～80 ℃ 的热水浴中加热数分钟,取出,观察并记录实验现象。

(3) 糖类的莫立许反应。

取 3 支试管,1# 试管中加入 1 mL 10% 葡萄糖溶液,2# 试管中加入 1 mL 10% 果糖溶液,3# 试管中加入 1 mL 2% 淀粉溶液,再各加入 2 滴莫立许试剂,摇匀,把盛有糖液的试管倾斜成 45°,沿管壁慢慢加入 0.5 mL 浓硫酸,使硫酸与糖液之间有明显的分层,观察两层之间有无颜色变化,记录实验现象。

6. 淀粉与碘的反应

往试管中依次加入 2 滴 2% 淀粉溶液、1 mL 蒸馏水、2 滴碘溶液,振摇,观察并记录实验现象。

7. α-氨基酸的鉴定反应

取 2 支试管,1# 试管中加入 1 mL 1% 甘氨酸,2# 试管中加入 1 mL 1% 酪氨酸,再各加茚三酮试剂 2～3 滴,振摇,在沸水浴中加热 10～15 min,观察并记录实验现象。

[问题与讨论]

(1) 某化合物 A 不是苯酚就是苯甲酸,请说出鉴别 A 要用到哪些鉴定反应。

(2) 有一未知有机化合物,已经确认它只能是蔗糖或葡萄糖,使用什么鉴定反应就可知道该未知有机化合物是蔗糖还是葡萄糖?

第二节 有机化合物的鉴别

药学相关专业对药物(有机物)的鉴别通常是通过鉴定元素、官能团、碳架结构以及测定某些物理常数进行的。鉴别方法有化学方法、物理方法等。用化学方法鉴定官能团最关键的是选择符合条件的化学试剂,即要求反应灵敏、现象明显,选择性好,能够得出肯定的结论。

[案例1]

某化合物A是丙酮或丙醛中的一种,请用化学方法通过实验确定。

思路:丙酮和丙醛是含不同官能团的两种有机物,通过鉴定其官能团,就可知道该化合物是哪一种。

(1) 鉴别方案:

化合物A $\xrightarrow{希夫试剂}$ $\begin{cases} 显紫红色,有—CHO,是丙醛 \\ 不显紫红色,无—CHO,是丙酮 \end{cases}$

(2) 实验用品:

仪器:试管、试管架。

试剂:希夫试剂。

(3) 实验记录和结论:

表7-2　实验记录和结论

实验步骤	实验现象	结论
1 mL 希夫试剂 +1滴A	显紫红色(不显紫红色)	是丙醛(是丙酮)

[案例2]

某化合物B是乙醇、乙酸和乙醛三种有机物中的一种,请用化学方法通过实验确定。

(1) 鉴别方案:

① 化合物B $\xrightarrow{希夫试剂}$ $\begin{cases} 显紫红色,是乙醛 \\ 不显紫红色,是乙酸或乙醇 \end{cases}$

② 化合物B $\xrightarrow{NaHCO_3}$ $\begin{cases} 产生无色气体,有—COOH,是乙酸 \\ 没有气体产生,无—COOH,是乙醇 \end{cases}$

(2) 实验用品:

仪器:试管、试管架。

试剂:希夫试剂、饱和 $NaHCO_3$ 溶液。

(3) 实验记录和结论:

表7-3　实验记录和结论

实验步骤	实验现象	结论
① 1 mL 希夫试剂+1滴B	显紫红色(不显紫红色)	是乙醛(是乙醇或乙酸)
② 1 mL B+2~3滴饱和 $NaHCO_3$ 溶液	有气体产生(无气体产生)	是乙酸(是乙醇)

第三节　实验习题：鉴别有机化合物

[实验目的]

(1) 体会鉴别有机化合物的过程，学会鉴别有机化合物的方法。

(2) 巩固、强化鉴别的实验技能。

(3) 培养应用知识分析问题、运用技能解决问题的能力。

[实验用品]

仪器：试管、试管架、酒精灯、铁架台、铁圈、石棉网、烧杯。

药品：乙醇、丙酮、乙醛、乙酸、0.06 mol/L 三氯化铁溶液、2,4-二硝基苯肼溶液、0.5 mol/L 氨水、1.25 mol/L 氢氧化钠溶液、0.05 mol/L 硝酸银溶液、希夫试剂、碳酸氢钠饱和溶液、碘水、药品阿司匹林、无色液体 A、无色液体 B、有机溶剂 C、溶液 D、有机化合物 E、有机化合物 F。

[实验内容]

1. 按鉴别实验方案完成鉴别工作

(1) 有一瓶已失去标签的无色液体 A，已知它是乙醛、丙酮、乙醇中的一种，请用化学方法，通过实验将它鉴别出来。

鉴别方案：

① 无色液体 A $\xrightarrow{\text{希夫试剂}}$ {显紫红色，是乙醛 / 不显紫红色，是丙酮或乙醇

② 无色液体 A $\xrightarrow{\text{2,4-二硝基苯肼溶液}}$ {有黄色沉淀，是丙酮 / 无黄色沉淀，是乙醇

实验用品：

仪器：试管、试管架。

试剂：2,4-二硝基苯肼试剂、希夫试剂。

实验记录和结论：

表 7-4　实验记录和结论

实验步骤	实验现象	结论
1 mL 希夫试剂＋1 滴无色液体 A		

(2) 试剂瓶中装有一种无色液体 B，已知无色液体是苯酚、苯中的一种，请用化学方法，通过实验将无色液体鉴别出来。

鉴别方案：

实验用品：

仪器：试管、试管架。

试剂：三氯化铁溶液。

实验记录和结论：

表 7-5　实验记录和结论

实验步骤	实验现象	结论
1 mL 无色液体 B+1 滴三氯化铁溶液		

2. 完成指定的鉴别项目

项目1：用化学方法鉴别无标签试剂瓶中的有机溶剂 C(已知无标签试剂瓶中的有机溶剂只能是丙酮、乙酸中的一种)。

项目2：用化学方法鉴别无标签试剂瓶中的溶液 D(已知无标签试剂瓶中的溶液只能是蔗糖溶液、淀粉溶液、葡萄糖溶液中的一种)。

项目3：用化学方法检测药品阿司匹林是否已水解。

提示：阿司匹林水解的产物有乙酸、水杨酸。

项目4：用化学方法确定有机化合物 E 的结构。

有机物 E 的相关资料：① 有机物 E 是链状化合物，其组成为 C_3H_6O；② 其中三个碳原子以单键的方式相连（C—C—C）。

项目5(选做)：用化学方法确定有机化合物 F 的结构。

有机物 F 的相关资料：① 组成为 $C_2H_4O_2$；② 分子结构为链状，两个碳原子以单键的方式相连。

［实验设计要求］

(1) 项目实施报告要有实验方案、实验用品、实验记录、结论等内容。

(2) 各项目实验所需的化学用品只能在本次技能训练的实验用品中选取。

附 录

表 1 常用元素的相对原子质量表

元素符号	名称	相对原子质量	元素符号	名称	相对原子质量
Ag	银	107.87	K	钾	39.098
Al	铝	26.982	Li	锂	6.94
As	砷	74.922	Mg	镁	24.305
B	硼	10.81	Mn	锰	54.938
Ba	钡	137.33	N	氮	14.007
C	碳	12.011	Na	钠	22.990
Ca	钙	40.078	O	氧	15.999
Cl	氯	35.45	P	磷	30.974
Cu	铜	63.546	Pt	铂	195.08
F	氟	18.998	S	硫	32.06
Fe	铁	55.845	Sb	锑	121.76
H	氢	1.008	Si	硅	28.085
Hg	汞	200.59	Sn	锡	118.71
I	碘	126.90	Zn	锌	65.38

表2 市售常用酸、碱溶液的近似浓度

名　称	质量分数/%	密度/(g·mL^{-1})	物质的量浓度/(mol·L^{-1})
盐酸	38	1.19	12.0
硫酸	98	1.84	18.0
硝酸	70	1.42	16.0
醋酸	99.5	1.05	17.4
氨水	30	0.90	14.8
氢氧化钠	40	1.44	14.4

表3 常用酸碱指示剂

指示剂名称	pH 变色范围	颜色变化	配制方法
甲基橙	3.1～4.4	红色～黄色	0.1 g 溶于 100 mL 水中
甲基红	4.4～6.2	红色～黄色	0.1 g 溶于 7.4 mL 0.05 mol/L 氢氧化钠溶液中，再加水稀释至 200 mL
溴麝香草酚蓝	6.0～7.6	黄色～蓝色	0.1 g 溶于 3.2 mL 0.05 mol/L 氢氧化钠溶液中，再加水稀释至 200 mL
酚酞	8.2～10.0	无色～红色	0.1 g 溶于 60 mL 乙醇中，再加水稀释至 100 mL
石蕊	5.0～8.0	红色～蓝色	0.2 g 溶于 100 mL 95%乙醇中

表4 常用化学试剂

试剂名称	浓　度	配制方法
三氯化铁溶液	0.1 mol/L	27.0 g FeCl$_3$·6H$_2$O 溶于含 20 mL 浓盐酸的水中，稀释至 1 000 mL
硫酸亚铁溶液	0.1 mol/L	27.8 g FeSO$_4$·7H$_2$O 溶于含 10 mL 浓硫酸的水中，稀释至 1 000 mL，再加入数颗小铁钉以防氧化
淀粉溶液	2%	2 g 可溶性淀粉用水调成糊状，倾入 100 mL 沸水中，再煮沸几分钟，冷却后使用
2,4-二硝基苯肼试剂		称取 2,4-二硝基苯肼 3 g，溶于 15 mL 浓硫酸中，将此溶液慢慢加入 70 mL 95%乙醇中，再加蒸馏水稀释到 100 mL，过滤，取滤液备用
斐林试剂		斐林 A：溶解 3.5 g 硫酸铜晶体于 100 mL 水中； 斐林 B：溶解 17 g 酒石酸钾钠于 20 mL 热水中，加入 20 mL 200 g/L 的氢氧化钠溶液，用水稀释到 100 mL。将两种溶液分别贮存，在用时等量混合

续表

试剂名称	浓 度	配制方法
希夫试剂		把 0.05 g 碱性品红研细,溶于含 0.5 mL 浓盐酸的 50 mL 水中,再加入 0.5 g 亚硫酸氢钠固体,搅拌后静置,直到红色褪去
莫立许试剂		称取 α-萘酚 10 g 溶于适量 95%乙醇中,再用同样的乙醇稀释到 100 mL
托伦试剂		量取 20 mL 50 g/L 硝酸银溶液,放入 50 mL 锥形瓶中,滴入 1 滴 100 g/L 的氢氧化钠溶液,然后滴加 2%氨水溶液,振摇,直到沉淀刚好溶解(现用现配)
茚三酮试剂		溶解 0.1 g 水合茚三酮于 50 mL 水中(两天内用完,久置会变质失效)

参考文献

[1] 王建梅,刘晓薇.化学实验基础[M].北京:化学工业出版社,2002.

[2] 吴玮琳.基础化学实验技能[M].郑州:河南科学技术出版社,2007.

[3] 崔学桂,张晓丽,胡清萍.基础化学实验(Ⅰ):无机及分析化学实验[M].2版.北京:化学工业出版社,2007.

[4] 李朴,古国榜.无机化学实验[M].2版.北京:化学工业出版社,2005.

[5] 曾明.化学实验[M].2版.北京:北京大学医学出版社,2009.

[6] 卢建国,曹凤云.基础化学实验[M].北京:清华大学出版社,北京交通大学出版社,2005.

[7] 梁李广.药品检验技术[M].郑州:河南科学技术出版社,2007.

[8] 铁步荣,闫静,吴巧凤.无机化学实验[M].北京:科学出版社,2002.

[9] 刘迎春.无机化学实验[M].北京:中国医药科技出版社,2004.

[10] 崔建华.基础化学[M].2版.北京:中国医药科技出版社,2009.

基础化学实验技术实验报告

班级＿＿＿＿＿＿＿＿

学号＿＿＿＿＿＿＿＿

姓名＿＿＿＿＿＿＿＿

苏州大学出版社

技能训练一　化学实验基本操作技术(一)

【训练目的】

_____

_____

_____

【训练预习】

1. 本次实验用_____称量药品的质量。

直接称量法的操作步骤：_____；

固定质量称量法的操作步骤：_____。

2. _____用于取用少量粉末状药品，_____用于夹持小块固体。

3. _____用于取用少量(几滴)液体，_____用于粗略取用一定体积液体，_____用于精密取用一定体积液体，_____用于精密量取不同体积的液体。

【训练内容】

1. 物质的称量。

2. 液体试剂的取用。

3. 固体试剂的取用。

【问题与讨论】

1. 称量方法正确的是_____。

2. 用量筒量取溶液，读数正确的是_____，错误的读数方法会使读数有何变化？_____

_____。

3. 这位同学的两个操作_____，错误之处是_____

_____。

4. 液体取用
   - 取几滴或 1～2 mL，用_____
   - 取一定体积
     - 要求：粗略，用_____
     - 要求：精确，用_____

5. 试管中滴加几滴试剂,操作正确的是＿＿＿＿＿＿＿＿＿＿＿＿＿＿＿＿＿＿＿。

6. 刚洗干净的量筒,在急用时可用小火烤干吗？＿＿＿＿＿＿。

实验评定：＿＿＿＿＿＿＿　　日期：＿＿＿＿＿＿＿＿

技能训练二　化学实验基本操作技术(二)

【训练目的】

_____

_____

【训练预习】

1. 本次实验要学会的基本操作是_____、_____、_____、_____。

2. 酒精灯的火焰分_____部分,其中_____温度最高,加热物品必须使用_____。

3. 加热试管中的液体时,试管应向_____倾斜;加热固体时,试管应向_____倾斜。

4. 普通过滤时,滤纸应该如何折叠和打开?

5. 过滤时,滤液必须使用_____引流入漏斗,并使烧杯的尖嘴与_____接触,玻璃棒下端与_____接触。

6. 普通过滤操作程序: _____
_____。

蒸发结晶操作程序: _____
_____。

【训练内容】

1. 加热。
2. 溶解。
3. 过滤。
4. 蒸发结晶。

【问题与讨论】

1. 下图操作哪些正确?哪些错误?

添加酒精
(　　)

加热液体
(　　)

加热液体
(　　)

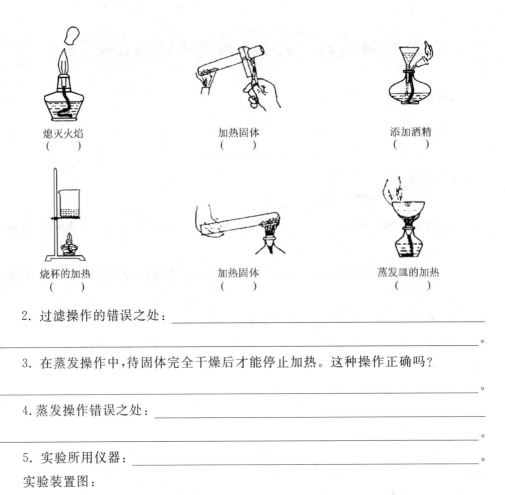

2. 过滤操作的错误之处：_____
_____。

3. 在蒸发操作中，待固体完全干燥后才能停止加热。这种操作正确吗？
_____。

4. 蒸发操作错误之处：_____
_____。

5. 实验所用仪器：_____。

实验装置图：

实验评定：_____ 日期：_____

技能训练三　药用氯化钠的制备

【实验目的】

_____

_____

_____

【实验预习】

1. 本次实验运用的基本操作有 _____、_____、_____、_____、_____。

2. 本次实验主要有几个步骤？分别除去哪些杂质离子？

3. 在实验过程中，如何检验SO_4^{2-}、Ba^{2+}是否沉淀完全？

【实验内容】

1. 溶解粗食盐。

2. 除去SO_4^{2-}和不溶性杂质。

3. 除去Ca^{2+}、Mg^{2+}及过量的Ba^{2+}。

4. 除去过量的OH^-和CO_3^{2-}。

5. 蒸发结晶。

【问题与讨论】

1. 在药用氯化钠的制备过程中，是否可先除去Ca^{2+}、Mg^{2+}，再除去SO_4^{2-}？

2. 为什么蒸发时氯化钠溶液不能蒸干？

3. 中和过量的$NaOH$和Na_2CO_3为什么只用HCl溶液，是否可以用H_2SO_4溶液代替？

实验评定：_____　　日期：_____

技能训练四 常见无机物的性质和离子的鉴定

【训练目的】

_____
_____
_____

【实验记录和分析】

1. 氯、溴、碘的性质。

（1）氯、溴、碘之间的置换反应。

实验内容和步骤	四氯化碳层颜色
1 mL KI＋10 滴氯水＋10 滴 CCl_4	
1 mL NaBr＋10 滴氯水＋10 滴 CCl_4	

结论：Cl_2 能够置换_____。

（2）卤化银的生成。

实验内容和步骤		沉淀颜色
在右边的三种溶液中先加 3 滴 $AgNO_3$ 溶液,再加 3～5 滴 HNO_3 溶液	1 mL NaCl	
	1 mL NaBr	
	1 mL KI	

结论：Cl^- 与 Ag^+ 作用产生不溶于_____的_____沉淀。Br^- 与 Ag^+ 作用产生不溶于_____的_____沉淀。I^- 与 Ag^+ 作用产生不溶于_____的_____沉淀。

2. 常见离子的焰色反应。

实验内容和步骤		火焰颜色
用洗净、灼烧过的铂丝蘸右边的溶液,放在酒精灯的外焰上灼烧,观察火焰的颜色	NaCl	
	KCl	
	$CaCl_2$	
	$BaCl_2$	

常见金属离子火焰的颜色为：Na^+ _____，K^+ _____，Ca^{2+} _____，Ba^{2+} _____。

3. 过氧化氢的氧化性和还原性。

实验内容和步骤	观察到的现象和结论
① 氧化性： 1 滴 KI＋2 滴 H_2SO_4＋2～3 滴 H_2O_2 ＋3 mL 蒸馏水＋2 滴淀粉溶液	溶液呈_____色 溶液呈_____色 I^- 变为_____,被_____,H_2O_2 是_____剂
② 还原性： 1 mL $KMnO_4$＋5 滴 H_2SO_4＋H_2O_2	溶液由_____色变为_____色,MnO_4^- 变为_____,被_____,H_2O_2 是_____剂

4. 浓硫酸的脱水性。

实验内容和步骤	观察到的现象	结论
在木条、布片上分别滴几滴浓硫酸		

5. 常见离子的鉴定反应。

离子	实验内容和步骤	观察到的现象	反应方程式
NH_4^+	3～4 滴 NH_4Cl 置于表面皿中,加 2～3 滴 NaOH,迅速将贴有湿润红色石蕊试纸的另一表面皿盖上	红色石蕊试纸变_____色	
Fe^{3+}	① 1 mL $FeCl_3$ ＋ 2 滴 KSCN		
	② 1 mL $FeCl_3$ ＋1～2 滴 $K_4[Fe(CN)_6]$		
Fe^{2+}	1 mL $FeSO_4$＋1～2 滴 $K_3[Fe(CN)_6]$		
Ag^+	1 mL $AgNO_3$ ＋ 10 滴 NaCl,然后加 5 滴 HNO_3,观察沉淀是否溶解		
Ba^{2+}	0.5 mL $BaCl_2$ ＋ 2 滴 Na_2SO_4,再加 10 滴 HCl,观察沉淀是否溶解		
Cl^-	0.5 mL NaCl＋2～3 滴 $AgNO_3$,再加 5 滴 HNO_3,观察沉淀是否溶解		
I^-	0.5 mL KI＋2～3 滴 $AgNO_3$,再加 5 滴 HNO_3,观察沉淀是否溶解		
CO_3^{2-}	1 mL 饱和 Na_2CO_3＋4～5 滴 HCl,将产生的气体通入澄清石灰水中		
SO_4^{2-}	0.5 mL Na_2SO_4 ＋ 2 滴 $BaCl_2$,再加 10 滴 HCl,观察沉淀是否溶解		

【问题与讨论】

1. 鉴定反应具有_____、_____、_____等外部特征。

2. 有一种黄色溶液,你如何确定是不是 $FeCl_3$ 溶液?

3. 如果可溶于水的试样已经鉴定出有 Ag^+,试样中不可能有的阴离子是 Cl^-、Br^-、I^-、NO_3^- 中的哪一个(些)?_____。

4. 有三瓶无色溶液分别是 NaCl、NaBr、KI 溶液,你如何用化学方法将它们鉴别开来?

实验评定:_____ 日期:_____

技能训练五　实验习题：药用氯化钠的质量检查

【实验目的】

_____

_____

_____

【实验内容】

对第二章第三节中制得的药用氯化钠进行相关操作：① 鉴别；② 溶液的澄清度、酸碱度、碘化物与溴化物、钡盐、钙盐和镁盐、铁盐的杂质限度检查。

【实验方案】

1. 仪器：

   药品：

2. 实验步骤、记录、结论：

实验评定：_____　日期：_____

技能训练六　溶液的配制和稀释

【训练目的】

_____

_____

_____

【训练预习】

1. 完成下列计算：

(1) 配制 50 mL 生理盐水，需要 NaCl 固体多少克？

(2) 配制 $\varphi_B = 0.75$ 的酒精溶液 50 mL，需要 $\varphi_B = 0.95$ 的酒精溶液多少毫升？

(3) 配制 50 mL 0.2 mol/L 硫酸亚铁溶液，需要 $FeSO_4 \cdot 7H_2O$ 固体多少克？

(4) 配制 50 mL 0.100 0 mol/L 醋酸溶液，需要移取醋酸标准溶液(0.200 0 mol/L)多少毫升？

(5) 配得的醋酸-醋酸钠缓冲溶液、$NaH_2PO_4 - Na_2HPO_4$ 缓冲溶液的 pH 是多少？

2. 填空：

(1) 用_____称量固体溶质的质量。用_____量取溶液的体积，该仪器的最大体积必须_____或_____（填>、<或=）所需溶液的体积。

(2) 用固体溶质配制溶液时，一般先将溶质放入_____中加_____蒸馏水溶解，待溶质溶解完全后，再移入_____中。然后，还必须用少量蒸馏水洗涤_____和_____，_____次，洗涤液一并移入量器中。当液面接近所需体积时，改用_____滴加蒸馏水至所需刻度。

(3) 容量瓶使用前,应先检查_____。配制溶液时,不可直接在容量瓶中_____,应在烧杯中先将固体溶解(或将浓溶液稀释)放至_____后,才能沿玻璃棒把溶液_____至容量瓶中。

【训练内容】

1. 配制生理盐水($\rho_B = 9$ g/L)50 mL。
2. 由药用酒精($\varphi_B = 0.95$)配制消毒酒精($\varphi_B = 0.75$)50 mL。
3. 配制 0.2 mol/L 硫酸亚铁溶液 50 mL。
4. 将醋酸标准溶液(0.200 0 mol/L)稀释为 0.100 0 mol/L 醋酸溶液。
5. 配制醋酸-醋酸钠缓冲溶液及 NaH_2PO_4 - Na_2HPO_4 缓冲溶液。

【问题与讨论】

1. 用容量瓶配制溶液时,容量瓶_____烘干,_____用被稀释溶液洗涤,原因是_____。
2. 用容量瓶配制标准溶液时,_____用量筒量取浓溶液,原因是_____。
3. _____在量筒、容量瓶中直接溶解固体试剂,因为_____。

实验评定:_____ 日期:_____

技能训练七　溶液 pH 的测定

【训练目的】

_____

_____

_____

_____

【训练预习】

1. 请给出下列指示剂的变色范围和对应颜色变化。

指示剂	甲基橙	酚酞	石蕊
变色范围			
颜色变化			

2. 使用广泛 pH 试纸可以测定溶液的_____，pH 试纸与标准_____配套使用。使用方法为：把待测溶液滴在_____上或将一小片 pH 试纸放入_____的凹穴内，滴入_____待测液，将试纸呈现的颜色与标准比色卡对照即得。

3. 请指出盐类水溶液的酸碱性与盐的类型的关系。

4. 阅读教材内容，了解 pH 计的使用方法。

【实验记录和分析】

1. 溶液的酸碱性。

(1) 常用指示剂在酸、碱溶液中的颜色变化。

指示剂	甲基橙	酚酞	石蕊
溶液的颜色			
加入盐酸后颜色			
加入氢氧化钠后颜色			

(2) 用酸碱指示剂粗略估计溶液的 pH。

测定物	指示剂	溶液颜色	结 论
1 mL 蒸馏水	石 蕊		
1 mL 待测溶液	甲基橙		
1 mL 待测溶液	酚酞		
10 mL 蒸馏水	甲基红		
10 mL 蒸馏水	溴麝香草酚蓝		

(3) 用 pH 试纸测定溶液的近似 pH。

溶液	盐酸	醋酸	氢氧化钠	氨水	蒸馏水
pH					
酸性由强到弱					

盐溶液	pH	酸碱性	解 释
碳酸钠			
氯化钠			
氯化铵			

(4) 用 pH 计精确测定溶液的 pH。

溶液	1#：醋酸-醋酸钠缓冲溶液	2#：$NaH_2PO_4 - Na_2HPO_4$ 缓冲溶液
pH		

2. 缓冲溶液缓冲作用的验证。

试管号	实验操作				
	加入试剂 I	测 pH	加入试剂 II	测 pH	pH 变化值
1	蒸馏水 2 mL		1 滴 0.1 mol/L 盐酸溶液		
2	蒸馏水 2 mL		1 滴 0.1 mol/L 氢氧化钠溶液		
3	1# 缓冲溶液 2 mL		1 滴 0.1 mol/L 盐酸溶液		
4	1# 缓冲溶液 2 mL		1 滴 0.1 mol/L 氢氧化钠溶液		
5	1# 缓冲溶液 2 mL		2 mL 蒸馏水		
6	2# 缓冲溶液 2 mL		1 滴 0.1 mol/L 盐酸溶液		
7	2# 缓冲溶液 2 mL		1 滴 0.1 mol/L 氢氧化钠溶液		
8	2# 缓冲溶液 2 mL		2 mL 蒸馏水		

【问题与讨论】

1. 使甲基橙呈橙色的溶液_____中性溶液,使其呈黄色的溶液_____碱性溶液,因为_____
_____。

2. 测定溶液 pH 的方法及其使用范围:_____、
_____、_____。

3. 缓冲溶液的缓冲作用包括_____
_____。

4. 检测酸性物质用_____石蕊试纸,检测碱性物质用_____石蕊试纸。

实验评定:_____ 日期:_____

技能训练八　实验习题：生理盐水的配制

【实验目的】

_____

_____

_____

【实验方案】

1. 纯化水的检验。

2. 配制 30 mL 生理盐水（$\rho_B = 9$ g/L 的 NaCl 溶液）。

实验评定：_____　日期：_____

技能训练九　萃取操作

【训练目的】

_____
_____
_____

【训练预习】

1. 阅读教材第五章第一节内容。
2. 画出实验装置图：

3. 分液漏斗中的上层液体从_____倒出，下层液体通过_____放出。
4. 萃取操作的顺序：_____。

【问题与讨论】

1. 萃取的原理是什么？

2. 在实验室中进行萃取按什么原则进行？

3. 萃取剂的选择应满足哪些条件？

4. 从碘水中提取碘时，能不能用酒精代替四氯化碳？为什么？

实验评定：_____　　日期：_____

技能训练十　固液分离操作

【训练目的】

_____

_____

_____

【训练预习】

1. 阅读教材第五章第二节内容。
2. 复习第二章第二节中普通过滤的操作。
3. 热过滤中,需要使用_____滤纸,并通过_____保持过滤过程滤液的温度。
4. 减压装置中,使用的玻璃仪器有_____,瓷质仪器有_____;通过_____防止水倒吸入抽滤瓶,通过_____抽去抽滤瓶中的空气。
5. 组装减压过滤装置的顺序:_____

_____。

【训练内容】

1. 组装热过滤和减压过滤装置。
2. 过滤溶液的准备。
3. 热过滤操作。
4. 减压过滤操作。
5. 离心分离操作。

【问题与讨论】

1. 热过滤时,玻璃漏斗的温度是否要接近滤液的温度?为什么?

_____

_____。

2. 为什么减压过滤装置必须密闭?

_____。

3. 放入布氏漏斗中的滤纸的直径必须大于布氏漏斗的底板。这句话对吗?

_____。

4. 减压过滤装置的拆卸顺序是_____

_____。

实验评定:_____　　日期:_____

技能训练十一　组装和使用普通蒸馏装置

【训练目的】

_____

_____

_____

【训练预习】

1. 阅读教材第五章第三节内容。

2. 组装蒸馏装置的顺序：_____

_____。

3. 装置的整体要求：上下垂直端正，做到"_____"。

4. 组装蒸馏装置时，蒸馏液的体积不能超过蒸馏烧瓶总容量的_____，不得低于蒸馏烧瓶总容量的_____。蒸馏前必须加入_____，以防暴沸。

5. 实验完毕拆卸蒸馏装置的顺序：_____

_____。

6. 纯液体有一定的沸点，而且沸程很_____，一般为_____℃左右。不纯物质（混合物）_____的沸点，沸程较_____。因此从沸程的大小可以判断物质是否纯净。

【训练内容】

1. 组装蒸馏装置。

2. 工业酒精的提纯。

3. 测定乙酸乙酯（或无水酒精）的沸点（程）。

【实验记录及结果】

样品名称	开始一滴的温度	最后一滴的温度	沸点（程）

【问题与讨论】

1. 蒸馏时加入沸石的作用是_____。如果蒸馏前忘加沸石，_____立即将沸石加至将近沸腾的液体中。当重新蒸馏时，用过的沸石_____继续使用。

2. 在蒸馏时通常用水浴或油浴加热，它与直接火加热相比具有的优点为_____

_____。

3. 蒸馏装置的错误之处：_____
_____
_____。

4. 实验测出某液体的沸程很小，可判断该物质_____；沸程较大，则说明该物质_____。

5. 蒸馏装置用于分离混合物与用于测定沸点，其使用上的主要不同点为_____
_____。

实验评定：_____ 日期：_____

技能训练十二　组装和使用普通回流装置

【训练目的】
___
___
___
___

【训练预习】

1. 阅读教材第五章第四节内容。

2. 组装回流装置时，应选用_____烧瓶，回流液的体积不能超过烧瓶总容量的_____。回流前必须加入_____，以防暴沸。

3. 低于140 ℃的回流选用_____冷凝管，高于140 ℃的回流选用_____冷凝管。

4. 回流体系_____封闭。回流过程中，蒸气浸润界面不超过冷凝管有效长度的_____。

【训练内容】

1. 准备回流液。

2. 组装回流装置、减压过滤装置。

3. 回流10 min。

4. 减压过滤操作。

【问题与讨论】

1. 如何固定普通回流装置中的圆底烧瓶和冷凝管？先固定哪一个？

2. 普通回流装置中冷凝管的水流方向与普通蒸馏是否一致？为什么？

3. 回流时间应该从什么时候开始计算？

实验评定：_____　日期：_____

技能训练十三　重结晶法提纯苯甲酸

【实验目的】

_____

_____

_____

_____

【实验预习】

1. 阅读教材第五章第二节及第五节内容。

2. 本次实验需要安装_____装置和_____装置,所需使用的玻璃仪器有_____,瓷质仪器有_____。

3. 实验中,通过_____保持滤液的温度,通过_____防止水倒吸入抽滤瓶。

4. 热过滤中使用_____滤纸,减压过滤中使用的滤纸要_____漏斗内径但又能覆盖漏斗_____。

5. 重结晶法是提纯有机物最常用的一种方法,其操作程序为_____。

【实验内容】

1. 实验准备。

2. 制备热溶液。

3. 脱色。

4. 热过滤。

5. 结晶抽滤。

6. 干燥称重。

【问题与讨论】

1. 重结晶法提纯有机物的依据是什么?

2. 在实验中,第一次过滤为什么使用热过滤？能否直接使用减压过滤？为什么？

3. 实验中使用活性炭的作用是什么？

实验评定：_____ 日期：_____

技能训练十四　组装和使用毛细管法熔点测定装置

【训练目的】

_____

_____

【训练预习】

1. 阅读教材第六章第一节的有关内容。
2. 在本次实验中,待测样品装在什么管中?(　　)
   A. 试管　　　B. 熔点测定管　　C. 毛细管　　　D. 滴管
3. 熔点距是如何计算出来的?

_____。

4. 纯净物的熔点距很_____,混合物的熔点距较_____。

【训练内容】

1. 组装熔点测定装置。
2. 测定苯甲酸、苯甲酸与水杨酸混合物的熔点(距)。
3. 拆卸装置。
4. 使用 YRT-3 型药物熔点仪测定水杨酸的熔点(距)。
5. 计算样品的熔点(距)。

【实验记录及结果】

样品名称	测定顺序	实测熔点/℃		
		始熔温度	终熔温度	熔点(距)
混合物	1			
	2			
苯甲酸	1			
	2			
水杨酸	1			
	2			

【问题与讨论】

1. 熔点测定装置_____密闭。

2. 温度计水银球的位置：（画图）

3. 实验结果熔点距很大，说明_____。

4. 装置的错误之处：_____
_____
_____。

实验评定：_____ 日期：_____

技能训练十五 使用旋光仪测定旋光性物质的旋光度

【训练目的】

_____

_____

_____

【训练预习】

1. 阅读教材第六章第二节的有关内容。

2. 本次实验使用的仪器名称为_____。测定管在装溶液之前,必须用待测溶液洗涤_____次。

3. 旋光性物质的旋光度 $α=$_____。

4. 使用旋光仪,可以_____旋光性物质、计算已知旋光性物质溶液的_____、_____的检查。

【训练内容】

1. 认识并准确使用自动旋光仪。

2. 测定葡萄糖的比旋光度。

3. 测定待测葡萄糖溶液的浓度。

【实验记录及结果】

样品名称	$α_1$	$α_2$	$α_3$	$α$ 的平均值
0.01 g/mL 葡萄糖溶液				
待测葡萄糖溶液				

数据处理:

1. 葡萄糖的比旋光度:$[α]_D^{20}=$

2. 葡萄糖溶液的浓度:$c=$

【问题与讨论】

1. 测定旋光性物质的旋光度的意义:_____
_____。

2. 如果测定管内留有气泡,测定结果将_____,排除方法:_____。

3. 已知蔗糖的 $[\alpha]_D^{20} = +66.29°$。20 ℃时，用 1 dm 测定管测得蔗糖的旋光度为 $+6.88°$，该蔗糖溶液的浓度 $c = $ _____。

实验评定：_____ 日期：_____

技能训练十六　实验习题：熔点测定法判别未知物

【实验目的】

_____

_____

_____

【实验设计】

1. 实验步骤：

2. 仪器：

   药品：

3. 实验记录与结论：

样品名称	样品代码	实测熔点/℃				结　论
		次序	$T_{始}$	$T_{终}$	熔点距	熔点	
样品 A	A	1					样品 A 的熔点与_____熔点相同，样品 A 可能是_____
		2					
A+(　)	混合物	1					混合物的熔点与 A 相同，样品 A 为_____
		2					

实验评定：_____　　日期：_____

技能训练十七 官能团(或有机物)的鉴定反应

【训练目的】

_____
_____
_____
_____

【训练预习】

1. 鉴别丙酮、甲酸、苯酚用到哪些鉴定反应?

2. 有一未知有机化合物,已经确认它只能是蔗糖或葡萄糖,使用什么鉴定反应就可知道该未知有机化合物是蔗糖或葡萄糖?

【实验记录】

实验顺序		实验现象	结论、解释
1	(1)		
	(2)		
2	(1)		
	(2)		

续表

实验顺序		实验现象	结论、解释
3	(1)		
	(2)		
	(3)		
	(4)		
	(5)		
	(6)		
4	(1)		
	(2)		
	(3)		
5	(1)		
	(2)		
	(3)		
6			
7			

实验评定：_____ 日期：_____

技能训练十八　实验习题：鉴别有机化合物

【实验目的】

_____

_____

_____

【实验预习】

写出指定的鉴定项目的实验方案：

【实验记录和结论】

1. 按鉴别实验方案完成鉴别工作。

(1) 实验记录和结论：

实验步骤	实验现象	结论
1 mL 希夫试剂＋1 滴无色液体 A		

(2) 实验记录和结论：

实验步骤	实验现象	结论
1 mL 无色液体 B＋1 滴三氯化铁溶液		

2. 完成指定的鉴定项目。

项目 1

项目 2

项目 3

项目 4

项目 5(选做)

实验评定：_____ 日 期：_____

定价：30.00元